启笛 | 听 见 智 慧 的 和 声

风

的

〔法〕阿兰·科班 著
曲晓蕊 译

历

北京大学出版社
PEKING UNIVERSITY PRESS

史

# 引用

感谢索菲·霍格－格朗让（Sophie Hogg-Grandjean）和波琳·拉贝（Pauline Labey）在这本书写作过程中对我的不懈支持，也感谢希尔薇·勒丹特 (Sylvie Le Dantec) 为录入手稿付出的辛苦劳动。

# 目录
## CONTENTS

## 第三章　风弦琴

有一种乐器在这个时期出现并逐步成为潮流：那就是风弦琴。风因此成了名副其实的乐器演奏家。

## 第四章　风的新体验

风为气球提供了基本动力，但在静谧、流畅、纯洁的体验中人们往往会忘记它的存在；直到贴近地面时，又再次听到它那嘈杂而具有威胁性的呼吸，它似乎就像在海上肆虐时一样，宣告着危险和死亡的威胁。

## 第五章　《圣经》引发的对风的想象

他开口下令，一股狂风突起，掀起了海浪；海员们被抛上天空，又跌落深渊；他们脚下脆弱的船身在风浪中剧烈地旋转摇晃。他们呼喊着耶和华的名字，乞求他的拯救。

## 第六章　史诗所展现的风的力量

毫无疑问：是风，站在那些航海家及其航行计划的对立面，在众多章节中它们都与狡诈凶残的人物联系在一起。

如果《麦克白》的场景里没有了风，女巫出现的旷野，国王被谋杀的场景里，又都会变成什么样子呢？

在凯尔盖朗群岛，吹着一股无名之风，在曾经有风吹过的所有其他地方，人们都不知道它的存在。在我原本以为的这个死亡山谷里，我终于明白了为什么人们说风才是世界的创造者。

# 前言

从 19 世纪起，科学家们开始对风有了更多的了解。此前，面对这所谓的空穴来风，人们只能根据它引发的一系列感觉来体验和描述它。这种无形的、连续的、莫测的流动因此被赋予了变幻不定、转瞬即逝等特征。风多变而易逝，又蕴含着巨大的力量，这就是人们对它的来源和去向知之甚少的原因。

人人都能感受到风的存在、风的力量和风的影响：它时而轻送；时而尖叫、咆哮、呼号。它有时是噪声、喧闹声；有时，它似乎在呻吟，像灵魂在痛苦中悲诉，背负着永恒的诅咒。风的能量会引起恐惧：狂风发起猛攻、席卷四周、鞭挞掀翻物体、将它们连根拔起。这就是为什么在人们眼中它代表了愤怒。除此之外，风在来去间也起着携带、运输、散播的作用。它带走水分，拨动火苗；有时又像一阵叹息、一丝轻抚，像情人的化身。

人对风的感觉不尽相同：在这里，它寒冷刺骨；在别处，它令人窒息。自古以来，人们认为风有净化、清洁的能力，但毫不

哈罗德 · 安切尔（Harold Anchel），《风》，1935—1943

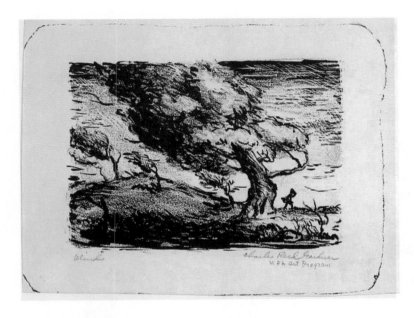

查尔斯·加德纳（Charles Gardner），《风》，1935—1943

夸张地说，它也可以是发臭的、有毒的。维克多·雨果笔下的风是"广袤的呜咽、空间的吐纳、深渊的呼吸"，随着时间的推移，它也会引发人们的恐惧、惊骇和憎恨。

自 19 世纪初开始，人们逐步懂得了风，弄清楚它的成因，了解它的形成机制和它的路径；同时人们也不断地在山巅、在沙漠、在广袤的森林腹地甚至在高空，刷新自己对风的体验。

此外，人们感知和感受风的方式也因为"随天气变化而阴晴不定的敏感内心"（moi météorologique）这一概念的逐渐形成而得到了极大丰富。自那时起，风作为一种文学对象，不断为作家提供创作灵感。人们想象风、讲述风、幻想风的方式也逐步改变，（比如）加入了崇高的元素、德国诗歌中对自然的歌颂以及浪漫主义对风的想象；更不用说史诗对风的重新诠释，几个世纪以来，赋予了风至关重要的地位。

如果要深入了解人们对风的体验，我们将首先回顾 18 世纪末科学革命的成果，尤其是对空气成分的发现；随后描述对大气环流的进一步理解，以及对风的全新体验；同时，我们也不能忽略相关的美学原则——是它们决定了这种纵贯天地的自然之力在人们心中激发的情感。

之后，我们将简要介绍自古以来众多艺术家、作家、旅行者是如何对这种无与伦比的力量——这不可破译的风之谜进行阐释

约瑟夫·儒伯特

和幻想的。这些参考资料结合在一起后，在新的知识和经验引领下，推动了 18 世纪和 19 世纪风的意象的革新。

总之，一个广阔的研究领域就这样展现在历史学家眼前；更何况，风还有更重要的一层意义，即作为时间和遗忘的象征。这就是为什么我们应该好好思考约瑟夫·儒伯特（Joseph Joubert）说过的这句话："我们的生活是由风编织而成的。"

# 第一章
# 难以理解的风

1788 年 7 月 4 日夜至 5 日间，霍拉斯·本尼迪克特·
德·索绪尔（Horace Bénédict de Saussure），这
位一年前刚刚征服了勃朗峰的登山者，在前往
巨人山口的旅行中遭遇了一场前所未有的强
风。这风非比寻常，以至于他满怀惊诧地在
他的《阿尔卑斯山之旅》中做了详细描述。

他写道，当时他和他的儿子躲在一个小
茅屋里：

凌晨一点左右，起风了，一阵猛烈的西南风以摧枯
拉朽之势袭来，我分分钟都在担心它会把我和儿子过夜
的这座小屋吹走。这风有个奇怪的特点，它时断时续，
中间间隔着最完美的平静。在这段间隔里，我们听着风
在下面白巷山谷中呼啸而过，而我们的小屋四周却一
片寂静。然而，平静过后是难以用言语形容的狂风

霍拉斯·本尼迪克特·德·索绪尔

古斯塔夫·多雷（Gustave Doré），《首次登上马特洪峰》（马特洪峰为阿尔卑斯
山脉最著名山峰），1865

肆虐；风的连续击打像是炮火猛攻：连大山都在我
们的床垫下瑟瑟摇动；风从小屋的石缝里吹进来，
两次掀开了我的床单和被子，令我从头到脚感到
寒意刺骨。天亮的时候，风平息了一阵子，但
很快又吹了起来，这次还夹带着雪花，雪从
四面八方灌进我们的小屋。我们躲在一个
帐篷里⋯⋯向导们不得不一刻不停地支
撑着帐杆，生怕大风把它们吹翻，把我
们连人带帐篷一齐吹走。

索绪尔接着描述了向他们发起猛攻的"冰
雹"和"雷鸣"：

如何向你们描述风的强度呢，我想说，我们的
向导两次想去另一个帐篷里拿食物，因此趁风停
的间隙出去；两个帐篷相距只有十六七步，但他
们刚走到半路，风就又吹起来，为免被风吹走
坠落悬崖，他们只好死命抓住路边的岩壁，紧
紧贴在上面，这样坚持了有两三分钟，风从
头顶袭来，掀起他们的外衣，他们全身被
冰雹打得伤痕累累，直到风停了才敢继
续前进。[1]

1788 年的这个夏天，索绪尔对风有了

前所未有的新体验——尽管在今天的读者看
来，这似乎不足称奇——但正是他的这一反应
构成了历史事实；我们也将看到，在接下来的
几十年里，还会不断出现对风的全新体验。18 世
纪末，人们对空气的兴趣正在兴起，当时风仍被大
多数人视为一种元素；几十年后，人们对风的性质、
成因和循环方式都有了更好的理解。

直到 18 世纪末，关于风的科学数据还很少。人们
对风的强烈经验大多来自航海旅行，或在各个
陆地区域的旅行中偶尔经历的可怕考验。在
各地文学作品中都能找到对风的记述，我们
将在下文加以介绍。水手们对风极为重视。
他们用了许多词和短语来描述它。此外，还
有业余爱好者使用测量仪器对风的质量进行
记录。在气象爱好者的小实验室里，风速计
有时会出现在温度计和气压计旁边；风向标就
更不用说了，它们被装在封建特权的象征——教堂
的钟楼或城堡的立面上，为人们指示风的方向。

那些受过良好教育的人还可以从有史以来流传的大量宗
教和世俗文学作品对风的记述中加深对其认识。即便
如此，作为人类生活的一个基本元素，风仍然是无
法解释的。当然，自文艺复兴以来，航海家们就已

经注意到了热带信风的运作规律，这一时期出现的航海地图
对这些观测结果有所标示。此外，一些区域性的风，如法国盛
行的密斯特拉风（mistral）、特拉蒙坦风（tramontane）和诺瓦
风（norois），已经得到了非常准确的描述；而在 18 世纪末，
人们开始在各种沙龙里举行一些小型的演示活动，科学家或者
所谓的科学家们，用模型来模拟风的运动。但是，要想理解风
的运动，意味着首先要了解空气及其成分。它究竟是像亚里士
多德及后世学者们认为的那样，跟水、土、火一样的流动的元
素，还是另一种神秘的燃素（phlogiston）？

专家们认识到空气对人体的作用方式也是多种多样的：通过与
皮肤或肺黏膜的直接接触，通过毛孔的气体交换，通过直接或
间接（比如通过食物）摄入。当时的科学家们反复强调，根据
季节和地区的不同特点，空气会对纤维的张力起到调节作用，
这在当时是很重要的发现。在人体内，来自外部的空气和内部
的空气之间建立了一种不稳定的平衡，这种平衡通过呼气、咳
嗽、打嗝和放屁不断地进行自我调节。拉伯雷（Rabelais）在
此前两个世纪，就已经详细地描绘了鲁阿奇岛——那里的居民
只以风为食。

所有这些都让人们相信，空气是由弹簧——一种足够大、足以
抵消重力作用的弹力装置创造出来的。根据这种观点，当空气
失去弹性时，只有运动和震动让其恢复弹性，从而使器官得以
存续。在当时的医生们看来，身体、内部环境和大气之间的平

衡至关重要：热空气令纤维拉伸和松弛，冷空气则会让纤维收紧，新鲜空气益处良多，因此要多呼吸新鲜空气。可以看出，对空气的科学描述是人们对风产生兴趣的基础。

这种空气观使得人们有时把空气看作是一种可怕的混合物，其中混杂了烟雾、硫化物、水蒸气、挥发物、油脂和盐分，甚至还有从土壤中释放出来的易燃物质、从沼泽地中喷出的气体和从腐烂的尸体中散发的瘴气。所有这些都会损害空气的弹性，有时，雷、闪电、风暴等还会引发有害的异常发酵和变异。一个地方的大气层就像一个危险的蓄水池，潜藏着爆发流行病的危险。

所有这些都是产生风的摇篮，大气的运动有助于去除其中负荷的有害物质。新希波克拉底主义——由希波克拉底创立于公元前 5 世纪—公元前 4 世纪的学说，在 18 世纪被重新发扬光大——提倡人们保持警惕，并对平静时期保持戒备。对通风的赞扬由来已久，甚至远远早于人们不再认为空气是一种元素或燃素，而是把它视为化学混合物这一转变。我们现在就考察这个问题。

彼时，燃素被认为是自然界的主要力量之一。人们认为它是一种特殊的液体，为万物所固有，一旦释放就会燃烧。这一理论起源于 17 世纪，由当时最杰出的科学家之一格奥尔格·斯塔尔（Georg Stahl）提出并加以阐发。他认为，所有可燃物中都存在燃素；燃烧现象本身是燃素从化合状态转变为自由状态的过程。

众所周知，安托万·拉瓦锡（Antoine Lavoisier）推翻了这种错误解释。他指出空气是一种氮的化合物——我们稍后会讲到，普里斯特利（Priestley）牧师在他之前已经发现了这一点，却因为对燃素理论的忠诚而未能洞穿其本质。燃素理论最终在 1772 年被丹尼尔·卢瑟福（Daniel Rutherford）证明——证明空气是由氧气和氢气组成的（后由亨利·卡文迪许 [Henry Cavendish] 确定其比例）。

神学家、科学家普里斯特利在 1772 年和 1778 年宣布了两项重要但不完整的发现。他认为，从呼吸的角度看，空气成分包含"普通空气""燃素空气"（氮气）和去除了燃素的"生命空气"（氧气），后者是最适合呼吸的空气。简而言之，普里斯特利对燃素理论的坚持阻碍了他对空气成分得出完美描述。尽管如此，在他的著述中，空气不再是一种元素，而被认为是气体的组合物或混合物。话虽如此，在他看来，这也是同时代的其他科学家的共识，气体的化学成分和有机进程是直接相关的。研究空气就是研究生命机制；通风就是净化公共空间。可以想见，风由此成为公共卫生问题的核心。因此，出于对停滞和静止的恐惧，通风成了核心的卫生政策。

在拉瓦锡发现空气的确切化学成分之前，新希波克拉底主义就

格奥尔格·斯塔尔

欧内斯特·鲍德（Ernest Board），拉瓦锡向妻子解说他对空气的实验结果

提倡把通风作为恢复空气弹性和提高防腐能力的方法。风扫过低层大气，净化、除臭、改善被污染的水源。一句话，监测、控制风和气流被视为必不可少的措施。

从这个角度来看，风箱和所有通风设备都是有用的。人们发明了各种各样的物件来激发风的有益效果，即促进空气流通：供人使用的扇子，沼泽四周的树丛，装有滑轮、水平旋转的风车，城市中的各种车辆，敲钟带来的大气震颤，火炮的发射，船上的帆……在检疫站，货物如果被怀疑传播瘟疫，人们就会责令其通风散疫。

启蒙时代的建筑把促进空气循环形成上升气流视为一种必需。健康的城市不应被城墙所包围，因为城墙会阻碍风的净化作用。街道务必宽敞，广场必须开阔，以促进风的流动。出于同样的目的，建筑物之间应保持一定的距离；医院被设计成"空中的孤岛"。法国国王路易十六还为此发表了一项声明，禁止出现阻碍城市内部空气循环的建筑，保证通风间距。[2]

英国和法国的皇家医学学会都主张在国内不同地区制定所谓的"卫生宪法"，主要目的是更好地监测卫生状况、发现引发传染病的风险。这种措施在让·安托万·沙达尔（Jean Antoine Chaptal）任帝国行政长官时期发起的大区统计调查中开始实施，并在19世纪前三十年间成为无数宣传手册的主题，为研

约翰·巴托尔·琼金（Johan Barthold Jongkind），《安特卫普的风车》，1866

亚历山大·冯·洪堡

究各地风的历史提供了宝贵数据。这些都是广为人知的事件。

让我们回到本书的关注重点。从 1800 年到 1830 年间，人们对风的认识进展缓慢。不过，在这一时期有两项重要发现值得我们注意：科学家们坚称"空气海洋"的存在，并意识到相关现象的遥远起源。与此相关的，是当时最重要的科学家亚历山大·冯·洪堡（Alexander von Humboldt）。让我们读一下他 1845 年出版的大作《宇宙》中的几页，这本书总结了他的科学发现。

在阐述了有关海洋的知识后，他写道：

> 我们星球的第二层外壳、整个星球的外壳，是**大气的海洋，我们生活在其底层**。它向我们展现了六类彼此依存的现象。这些现象是由空气的化学组成、透明度、颜色和光的偏振变化带来的，来自气体密度或压力、温度、湿度和电压的变化。

后面几页，亚历山大·冯·洪堡强调了一个事实，一个与风有关的重要事实，也是风的本质，那就是——气象现象的起源在地理上往往是极为遥远的：

> 最重大的气象现象通常不是发生在它们被观察到的地方：它们的起源一般是在异地，通常来自遥远的高原地区发生

的气流扰动。然后，渐渐地，这些发生转向的气流所携带的或冷或热、或干或湿的空气侵入大气层，带来气流紊乱或令天气清朗，把云朵堆积成厚重或圆润的形状，或把云朵分开，分解成羽毛般的薄片。这些多样性的干扰由于成因遥远、不可确定而进一步复杂化，我也许有理由相信，气象学研究应该把热带地区作为出发点和扎根处，因为这一地区的风向是终年不变的，这里的大气潮汐、大气水质变化和雷电现象的发生更有规律。[3]

不难看出，写下这些预言的人正处在重要进展出现的前夜。

但亚历山大·冯·洪堡并不是唯一一个指出风、雨和大气运动遥远起源的人。贝纳丁·德·圣皮埃尔（Bernardin de Saint-Pierre）以一种更为诗意的方式，表达了自己对天气现象遥远起源的着迷，并设想了它们的未来发展路径。

从 1854 年到 1855 年，人们对气象也包括对风的理解获得了极大进展。这一年，有两场灾难震惊了公众。1854 年 11 月 14 日，一场可怕的风暴袭击了克里米亚半岛附近的英国和法国舰队，大量船只被毁，包括海军皇冠上的明珠——亨利四世号战舰。1855 年 2 月 16 日，赛美扬号护卫舰在博尼法乔海峡沉没，船员无一幸存。拿破仑三世非常震惊，作出了一系列决定。那一年，乌尔班·勒·维耶（Urbain Le Verrier）成为巴黎天文台的主任，天文台专门安排一名员工每天三次登记风向。在格林尼治和巴黎，相关的科学出版物大量增加。观测网络变得越来越密集。各国开始组织相关国际会议；其中一次有 10 个国家参与，规定每天要在军舰上进行多次气象观测。与此同时，公众对气象动态的兴趣也大幅度增加。此后不久（1859 年），海底电报的出现大大加速了数据传输。

所有这些都大力推动了与风有关的科学发现一个接一个出现。早在 1848 年，加尔各答的亨利·皮丁顿（Henry Piddington）就出版了一本关于热带风暴的著作《水手入门法典：风暴的法则》（*The Sailor's Horn-Book for the Law of Storms*）。他用"气旋"（cyclone，源自希腊语 κύκλος，圆环）一词来命名旋转的暴风。这个词在 11 年后传到了法国。同年，美国海军的马修·方丹·莫里（Matthew Fontaine Maury）绘制了一幅"北大西洋风向图"。1863 年，弗朗西斯·高尔顿（Francis Galton）提出了"反气旋"概念，而荷兰人克里斯托弗·拜斯·巴洛特（Christoph Buys Ballot）发表了与气旋中心相对的风向定律。[4]

在法国，动态气象学也得到了长足发展。其中艾德·伊波利特·马利耶－达维（Edme Hippolyte Marié-Davy）发挥了极为重要的作用。他首先发现了直径巨大的"旋风"（cyclonoïde），并很快将其定名为"飑"（bourrasque），并在 1863 年出版了飑线图。两年后，他放弃了这一理论，认为这些"旋风"只是移动中的热带气旋，在向欧洲高纬度地区移动过程中逐步减弱，

亨利·皮丁顿

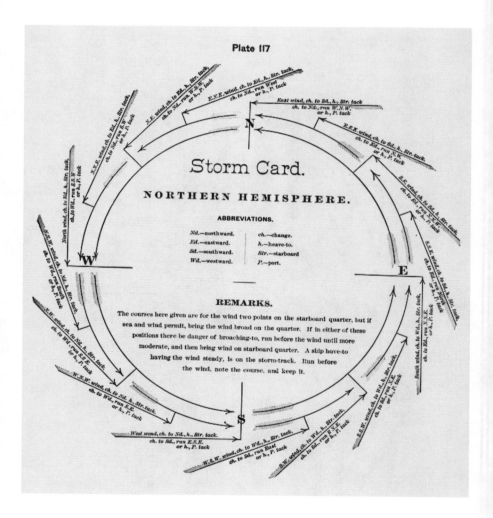

《水手入门法典：风暴的法则》中"指导水手的风暴卡"

而真正的"飑"起源于纽芬兰、冰岛和亚速尔群岛，在形成之后需要几天的时间才能到达欧洲。19世纪70年代，这些"飑"或"低气压"被定义为大气动力学领域的基本现象，尤其是在欧洲范围内。

与此同时，人们对风图产生了真正的兴趣。从1848年到1873年，马修·方丹·莫里和他的团队出版了《玫瑰之风》（*Wind Rose*），书中记录了一年中每个月份从某个方向吹来的风的次数。

毫无疑问，当时对风向和风的强度最感兴趣的科学家是利昂·布劳特（Léon Braults）[5]，他是一个信奉天主教的小资产阶级保守派。1870年，他设计了一项研究计划，前往各个港口查阅档案中记录的风力数据。布劳特的目标是探测"大气的平衡标准"，把偶尔发生的热带风暴、气旋、飑线或低气压等都称为"大气层疾病"，划为意外事件。1873年，得益于不懈的调查走访和整个团队的努力，他整理出了12本笔记的数据，共记载了各港口归航水手提供的750多条对风的观察记录，并根据法国海军的传统分级标准——而非国际通用的蒲福（Beaufort）风级标准[6]——对这些风进行了分级。他用来测风速的不是风速计而是水手的身体。布劳特认为他们是最好的风速计。

他首先把自己的研究成果——北大西洋风力统计图，在1875

美国航空航天局 (NASA) 拍摄的热带气旋

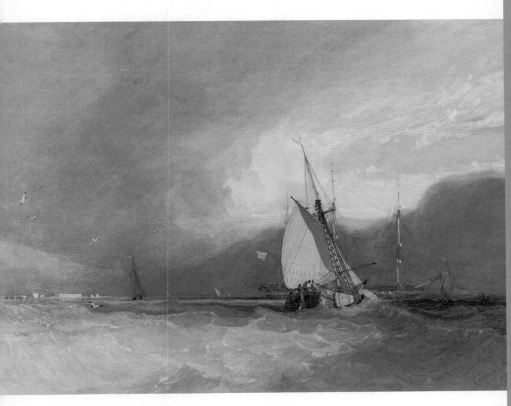

约翰·西尔·柯特曼（John Sell Cotman），《风暴逼近》，1830

年 8 月巴黎举行的联合国大会上公布。他声称，自己的著作终结了 18 世纪和 19 世纪上半叶所有与风有关的理论，认为这些论文都是建立在先验基础上的。布劳特在 1877 年和 1880 年又相继出版了南大西洋、太平洋、印度洋季风图；随后，他开始了有关洋流的同类研究，但这个计划因他的去世而在 1885 年不幸夭折。

几十年间，布劳特的风图研究在科学界取得了巨大的成功。直到 1940 年，他绘制的地图还是所有法国战舰的官方参考。

让我们回到洋流的问题上来，我们现在知道，风对洋流的存在起着至关重要的作用。墨西哥湾暖流、它的稠度、路线早已为人所知。亚历山大·冯·洪堡对它进行了详细的研究。他谈到"潮汐在全球运动中起到的作用，以及盛行风的持续时间和强度等因素""不同纬度海水的密度、深度、温度、盐度、大气压的变化"等。他描述了洋流的运动、速度，并提出了洋流深度的问题。

1855 年，马修·方丹·莫里在他的著作《海洋物理地理学》(*The Physical Geography of the Sea*) 中发表了关于风和洋流的地图，指出洋流的多样性。这一时期人们已经发现了深海洋流的存在，但直到很久之后，风在其中所起到的作用才得到澄清。事实上，正如我们今天所知道的，风对海洋产生的摩擦力中有近 50% 被转移到洋流中。正如让－弗朗索瓦·明斯特

保罗·布拉奇

莱昂·泰塞伦·德波尔

（Jean-François Minster）在《海洋机器》（*La Machine océan*）中所指出的，"风场的地理结构同时决定了表面洋流的水平结构和其垂直运动"[7]。

科学家和公众对风的兴趣在保罗·布拉奇（Paul Vidal de La Blache）将风的科学与地理结合的理论中达到顶峰。19 世纪末，得益于对气团动力学的了解，风不再是未知的。但人们仍然缺乏高空大气的知识，特别是对流层以及 20 世纪初莱昂·泰塞伦·德波尔（Léon Teisserenc de Bort）提出的平流层概念。有关喷射气流（jet stream）知识的传播也在这一时期出现。在法国，气象学家皮埃尔·佩德尔帕特（Pierre Pédelaborde）在 20 世纪 50 年代末发挥了重要作用，特别是他在卡昂大学教授的课程非常有名，我也是在场听众之一。

第二章
# 大众文化中的风

大众在对风的日常体验中，对遥远气团受大气环流
影响形成风这一规律了解甚少。而当地的风，每
一种风的名字和相关知识，却在人们中间代代
相传，构成了他们对风的主要认识。研究者
对此进行了仔细研究、悉心整理，每个地区
都列出了记述风的详尽清单。深入了解这些
冗长的研究数据难免感到乏味。

例如，儒勒·米什莱（Jules Michelet）在描
绘一座山脉时，就列举了这里常年盛行的四种
南风——焚风（foehn）、奥坦（autan）、西罗科
（sirocco）、西蒙（simoun）。法国最著名的地域性风是
密斯特拉风，它寒冷、干燥而猛烈，从北向西北方吹，
在瓦朗斯、蒙彼利埃和弗雷瑞斯三地形成的三角区，阵
风的速度通常会达到每小时 100 公里，随后在罗纳河
谷的走廊中变得更猛烈。

路易斯·加布里埃尔·莫罗（Louis Gabriel Moreau），《被风吹拂的风景》，年代不详

作者不详,《随风而去》, 1815

密斯特拉风对当地的自然环境产生了强烈影响。它使植被倾斜、悬崖风蚀严重，同时还使天光更加明亮。它使天干物燥，引起火灾，还会掀翻屋顶。一般情况下，密斯特拉风会持续一到三天，随后转移到海上，可以一路吹到科西嘉岛和巴利阿里群岛。毫无疑问，就是它造成了1855年2月赛美扬号护卫舰在博尼法乔海峡的沉没。在密斯特拉风所波及的地区，乡间的建筑在设计上都考虑到了风的特性。当然，直到19世纪中叶，它也让所有风车磨坊主大为受益。

用"朗格多克风学协会"[8]分析员让－皮埃尔·德斯坦（Jean-Pierre Destand）的话来说，地域风是领土的标志，也是本地风土的象征。它们的多样性体现为一系列与地域相关的风的名字，每种风都有着地区代表性。它们是直观的居家晴雨表，也决定了特定的空间组织形式。

通常，人们用风来标记方位，根据风来制定捕鱼、采集和狩猎的策略。因此，风经常是需要被考虑的因素。让－皮埃尔·德斯坦对寻常的风、过路风、偶尔的轻风、"小风"或"微风"进行了区分。

他列出了当地人的"风知识""风文化"模式。风是人们日常聊天的重要话题。人们对风期待、恳求或诅咒，为它的到来或缺席感到遗憾。有时，风停息下来，会让人明显感到它的缺席。风的到来填满了空虚，而它一旦消失，会让人明显感受到它走后留下的沉默。

我们将在后面谈到，每一种风都以自己特有的方式让人感受到它的存在。有的风会歌唱，有的则会吹口哨，有些风比其他风带来更明显的香气和气味。所有的风都是当地风光所具有的丰富感官体验的一部分。有些风容易引发事故，开车的司机们对此最清楚不过了。如让－皮埃尔·德斯坦指出的那样，有多少地方就有多少风，就有多少种人。他曾经采访过一个人，信誓旦旦地说电视里的风不是风，因为在他看来，真正的风是天空的光线、声音、海洋或陆地的味道、它吹来的方向，这些都有着特定视觉特征。

地域风也是历史学家长期关注的研究对象。马尔蒂娜·塔波（Martine Tabeaud）和康斯坦斯·布尔图哈（Constance Bourtoire）就致力于对各种童话故事中出现的风进行分析。[9]事实上，在人类文明的婴幼儿时期，风就在人们的想象中占有重要地位。帕特里克·博曼（Patrick Boman）是一位在整理全法“风雨”清单的专门机构任职的专家。[10]研究风向标的历史学家，包括让－皮埃尔·理查德（Jean-Pierre Richard），也在做类似的工作，还有专家致力于风车历史的研究。

在这方面，我们来关注一下阿尔封斯·都德（Alphonse Daudet）在童话《高尼勒师傅的秘密》中借一个村民之口说的话：以前，这周围方圆几十里的农民都会把麦子送到这里研磨，“村子周围，所有这些山坡上都盖满了磨坊，不管从左边还是右边看过去，只能看到风车叶片在穿过松林的密斯特拉风带动下转动，成群的小驴驮满了麻袋来来往往”。那些在高处风叶上的“帆布咯吱作响”，令人心中充满愉悦。“星期天，我们成群结队地去磨坊……磨坊主会请我们喝葡萄酒……这些工厂……为当地带来了欢乐和财富。”

在一封写给 M. H. 德维勒梅桑（M. H. de Villemessant）的信中，提到了这本书，都德讲述了他在破旧的磨坊里一夜无眠的经历，“那晚密斯特拉风怒号不止，它那阵阵洪亮的声音让我一夜未合眼，直到第二天早上……每一阵风吹过时，磨坊上面三个残破的叶片都会发出哨音，像船上的钓具一样在风中作响，整个磨坊在咔嚓声中摇摇欲坠。残破屋顶上的瓦片飞了起来。狂风和海浪重重地砸在门上，门上的铰链哐啷哐啷发出巨响”。都德想象着被这场风暴袭击的水手，“我对自己说：也许

SCENE IN UNION SQUARE, NEW YORK, ON A MARCH DAY.

POLICEMAN. "Lost anything, Sir?"
EXASPERATED OLD PARTY. "Don't you see that I've lost my hat?"
POLICEMAN. "Describe it."

温斯洛·霍默（Winslow Homer），《三月的联合广场》，1860

扬·科勒特一世（Jan Collaert I），《风车的发明》，1600

此刻掠过我头顶的狂风也正在摇撼着他们的桅杆，把他们的帆撕成碎片"。[11]

虽然地域风具有其特殊性和重要性，鉴于本书的研究主题和目标并不是编纂一份详细而乏味的名录。在接下来的几章里，我们仅会在这无数的风中列举一种或几种，以便更好地了解人们对风的体验以及它们引发的情绪。

第三章

# 风弦琴

18 世纪下半叶，文学作品中对于大气现象的描写呈
现出爆发式增长，尤其是在各种自述作品中，如
私人日记、日志、通信，越来越多地出现了对
受天气影响的敏感内心的描述：我心情状态
的起伏不定对应了外界天气的变幻莫测。当
然，风的历史体现了这种新的敏感性。它
的出现说明，从那时起人们已无法忽视自
然的声音，尤其是"暴风、暴雨、飓风进入
了文学领域，标志着（在孤独的主体这一模
式下）人类处境本质上的不稳定性"[12]。这就是
为什么在这一时期德国兴起了狂飙突进（*Sturm und
Drang*）运动，在这个名称里，*Sturm* 是指强度极高的
暴风，时常伴随着降雪，因此与 *Drang* 这个含有袭击、
冲动、跃进意思的词联系在了一起。

有一种乐器在这个时期出现并逐步成为潮流，
充分体现了人们对风全新的关注：那就是风弦

风弦琴

风弦琴

风的历史

风弦琴

英国的音乐雕塑，由镀锌钢管制成的风弦琴，约 3 米高

琴。首先，风弦琴是一种家具，一般认为是阿塔纳斯·基歇尔（Athanase Kircher）在 17 世纪中期发明的。直到 18 世纪末它才逐步开始在德国和英国流行。风弦琴是一种弦乐器，风吹入其中会产生悠扬的声响。这种琴外形多样，最常见的是用一个木箱做音箱，里面沿长边方向绷着一排不同材质的琴弦。人们可以通过调弦来让它发出特定的声音，但因为风速变化会令琴弦振动频率变化，琴发出的声音也会随之改变。一句话，风因此成了名副其实的乐器演奏家。大多数情况下，人们会把风弦琴放置在半开的窗户上。这种家居风俗反映了一种群体的敏感性。

就本书的研究而言，风弦琴最重要的一点是，作为被肖邦用来命名他的练习曲（OP. 25 No. 1）、又被后世不断歌颂（例如柯勒律治的同名诗歌）的乐器，代表了风能够产生的所有声音，尤其是森林与旷野之音；其中甚至没有人类的干预。自古希腊时期以来，风神埃俄罗斯就被称为大自然的音乐家，尤其是树的乐手。18 世纪末，没有诗人会忽略这种时而精妙、时而狂野的风的音乐。

德国古堡中的风弦琴

风弦琴

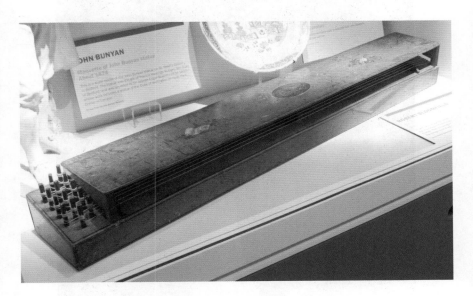

罗伯特·布鲁姆菲尔德（Robert Bloomfield）制作的风神竖琴

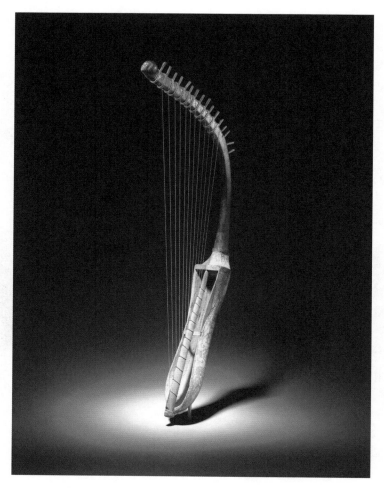

古埃及拱形肩竖琴，公元前 1390—公元前 1295

"把大自然看作是一把宇宙七弦琴，甚至是
一把风弦琴"，哲学家波琳·纳德里尼（Pauline
Nadrigny）在最近出的一本书里称其为"完全
是浪漫主义思想"[13]；因此，这个主题在诺瓦利斯
（Novalis）那里被发掘到了极致。1822 年，歌德创作
了一首名为《他，她》（*Lui, Elle*）的诗歌，受到时代风
尚的召唤，他想将这首诗作为自然之声，最终将其命名
为《风弦琴》（*Harpes éoliennes*），尽管诗中既没有风
也没有琴。

1811 年（或 1812 年）3 月，曼恩·德·比朗
（Maine de Biran）选择了用风弦琴来描述自
己的敏锐感知力：

在孤独中我曾感到更加幸福：我的想象力和
知觉的敏锐度，达到了前所未有的高度，就像
风弦琴，哪怕是最细微的风的气息，也会让琴弦
颤动，发出和谐的乐音。[14]

很久以后，19 世纪下半叶的美国超验主义者爱默生（Ralph
Waldo Emerson）和梭罗（Henry David Thoreau）又提出
了这一主题。后者同样提到了诺瓦利斯，并说自己对
"宇宙七弦琴"十分敏感。1851 年 7 月，梭罗在日记
中提到了"风弦琴"的精妙音乐。他后来又多次提

梭罗

到这一点，尤其是通信电缆产生的声音，在他的耳中，就像是空气震动发出的声响。[15] 那之后又过了许久，欧仁尼·德拉克洛瓦（Eugène Delacroix）在他的日记中花了很长的篇幅去讨论约瑟夫·儒伯特，并引用了儒伯特去世后被发现的手稿中的一句话："我就像一把风弦琴，发出美妙的声音，却不弹奏任何曲调。"[16]

让我们回到感知力和风紧密结合的表现形式。早在17世纪（当然这只是一个特例）德·塞维尼夫人（Mme de Sévigné）就表露出了对风雨异常敏锐的情绪，一想到她的女儿德·格里南夫人（Mme de Grignan）正面临着"将会把她吹倒、令她死去的残暴的南风"就感到惴惴不安。她说她讨厌布列塔尼地区的那些强风和冷风。"它们会干扰我的健康"，她在 1689 年 7 月 13 日写道，"尤其是会令我无故悲伤"。[17]

《新爱洛伊斯》的读者应该记得卢梭曾无数次描写过的"塞沙尔风"，在圣普勒（Saint-Preux）看来，塞沙尔风扼杀了自然。这是一种昼间的热风，是莱芒湖（日内瓦湖）特有的一种风，从东或东北方吹来。但是，阿努什卡·瓦萨克（Anouchka Vasak）指出，"卢梭在气象现实（也就是外在世界）和主体的清晰意识之间划下了一条鸿沟"。[18] 从这个意义上说，这位第一个提出"心灵晴雨表"的作家，并没有走得更远、未能揭示上文提到的"天气与敏感内心"的全部特征。

这一点在上面儒伯特关于风弦琴的手稿中体现得清清楚楚。他梦想着"在空气中""甚至在天空中写作"。他非常关注雨天和晴天，对气压格外敏感，这一点在他的写作中表露无遗，"其中的主要原则就是不连贯、不连续、时起时停"[19]，也就是说，他的写作也遵循了风的模式。

不久之前我详细分析了"海滩"主题背后的神学基础。首先把对风的感知引入社会现象领域的罗素（Russel）博士，正是受到了自然神学的引导和影响：如果说暴风雨通过带动所经之处的水体上方的天气而改良空气，达到空气的净化和更新，"那么海风就是上帝专门创造出来……不仅为了推动船只"，更重要的是"为了确保水域的净化"。就这样，人们摆脱了对大海的古老想象，也摆脱了风神和水神的作用。不过，对于这个时代的旅行家尤其是对英国人来说，两个多世纪以来他们一直崇尚远游求知，渴望去意大利亲身阅读伟大的古代典籍。例如，与本书研究相关的《埃涅阿斯纪》中描述的暴风雨是至关重要的。

因此，这一时期关于风的情绪是由相互矛盾的因素决定的：自然神学和经典记忆；也不要忘了詹姆斯·汤姆逊（James Thomson）和詹姆斯·麦克弗森（James Macpherson）在他们的著作中提到的崇高原则，以及对暴风雨的进一步分类命名（更晚一些）。再补充一点，早在 17 世纪，罗伯特·伯顿（Robert Burton）就推荐户外活动疗法来治疗忧郁。在启蒙运

尤金·布丹（Eugène Boudin），在特鲁维尔的海滩上，1863

温斯洛 · 霍默,《鹰头》, 1870

动的中期，社会精英们期待着平静的大海带走他们的焦虑，重新建立与自然的联系，以弥补文明带来的恶果。[20]

在这整个过程中，风又扮演了什么样的角色呢？第一要素：海滩必须清洁宜人，空气质量必须得到保证；[21] 这就是为什么布莱顿海滩在这一时期成了热门目的地，罗素博士把这里视为理想的度假胜地——安东尼·瑞朗（Anthony Reilhan）在他为罗素写的纪念文章中写道，"海岸崖壁遮住了背后的风，而迎面一直有海上吹来的有益的微风，驱散雾霾"[22]。一年年过去，人们越来越关注空气和风的质量，而关于水的益处的讨论却在减少。健康的呼吸是最重要的。这就是为什么医生在开给妇女的处方中会指定她们下午在沐浴之后去沙丘散步，让她们呼吸新鲜空气。我们还可以在同一时期瑞士医生开出的处方中看到他们对"空气疗法"的热衷。

在英国，人们还会特别针对那些体弱多病的人提出建议，他们大多会选择到海边疗养。机缘巧合，其中一位，汤利男爵（Baronnet Townley）出版了他在马恩岛疗养一年期间写的日记。1789 年，这位体感识别专家来到这里呼吸海边的新鲜空气。他特别关注空气和风的质量，每一天都试图尽可能精确地描述风对他的感官和心灵的影响。因此，根据他的说法，风可以是"愉快的""温和的""香气袭人的"或"苦涩的""令人不快的"。他最喜欢的，是"海上微风"。对他来说，一天中最美妙的时刻是"汩汩作响"的涨潮时分，那时经常伴随着清新的微风。他散步的范围很广。起床后，他走出去呼吸"一腔清晨的空气"，寻找"随涨上沙滩的潮水一道而来的……清新的微风"；他注意到风对他的呼吸的影响；他一大早就习惯打开窗户，希望能有助于自己的食欲。

汤利男爵最爱的是凉爽的感觉。在书的最后，他唱起了一首马恩岛的赞美诗。这个身体羸弱的人在马恩岛上找到了许多安静的海湾和僻静的角落，可以避开强风，惬意游泳。需要再次指出，这些活动在这种情感策略中起着至关重要的作用。它们意味着身体感官的整体投入，察觉气息、洞察最轻柔的风抚过时几不可闻的低语。

让我们更仔细地考察那些对天气敏感的人留下的自述作品和其中流露的情绪印记，贝纳丁·德·圣皮埃尔自然就属于这一类，本书前面的章节中已经提到了他对大气事件发生在遥远之始的笃定感知。在《自然研究》（*Études de la Nature*）中，他谈到了所谓的"恶劣天气的乐趣"，例如，外面下着大雨时，他写道，"我听到风的低语和雨的颤抖。这些忧郁的声音使我沉沉入睡，一夜好眠"。圣皮埃尔详细描述了自己的情绪，他说："当我看到外面下雨了，而我身处遮蔽之所，我心中人类苦难的情感就平静下来；外面刮着风，而我却在床上温暖地躺着。我因此享受着消极的幸福。"在他看来，除此之外，其中还掺杂着一些"神性特征，对这些神圣属性的领会令我们的灵魂感到如此愉悦，例如来自远方的风的低语，

马恩岛

让－弗朗索瓦·米勒（Jean-François Millet），《从风暴中撤退》，1864

为我们带来对空间的无限延伸的感受"。后来，圣皮埃尔还这样描述当时画家与诗人们纷纷歌颂的一天的时刻，"黎明的曙光乍现，风的低语和夜的黑暗"。[23]

对天气敏感的人还有这一位。夏多布里昂（Chateaubriand）在他的《墓外回忆录》（*Mémoires d'outre-tombe*）、《勒内》（*René*）以及其他游记中都提到了风对他生活的影响。他写道，"我的童年是在风浪的陪伴下度过的：我最大的乐趣就是与暴风雨搏斗"。他还记得，童年时期在康堡度过的夜晚，耳边挥之不去的"风的低语"。十七岁时，他和妹妹露西尔一起散步，"我们一前一后走在路上，听着风穿过光秃秃的树桠时留下的低语"。此外，夏多布里昂坦言："我一直喜欢秋天——秋雨、秋风、冷霜。"再大一些的时候，他也会在自己房中陷入狂野幻觉，"凛冽朔风的吹拂"，他写道，"带给我欢愉的叹息"。他会走出房间到树林中去，就仿佛踏上了一次冒险之旅，"拥抱所有从我身边逃离的风"。[24]

《勒内》是一部小说，但我们也可以将它看成是一部自述作品。主人公刚从意大利旅行归来，独自住在布列塔尼，而艾米丽在巴黎，勒内坦言，"我在风中拥吻她"，并补充说，"激情在孤独者内心的空洞中回响，就像寂静的沙漠中回荡的风的低语和水的轻漾……"随着那句著名的"来吧，期待已久的暴风雨"，勒内大步前行，带着"激情燃烧的面庞"。他说，"狂风在我的头发间呼啸而过""当我站在岩石上、在风中流下眼泪，泪水似乎也没有那么苦涩了"。当然，所有这些都脱离不了奥西恩（Ossian）诗歌的影响，我们将在后面详细讨论。与风的对抗，就像表现暴风雨的音乐和眼泪一样，都是奥西恩文学的典型形象。这就是勒内在谈到"风暴月"时大声宣布的："我真希望自己能成为一名在风、云和幽灵之间战斗的战士。"[25]

然而，读遍此类描述，天气敏感度最高的头衔毋庸置疑属于两位法国作家：曼恩·德·比朗和莫里斯·德·盖兰（Maurice de Guérin）。我曾在其他文章中介绍过前者在《日记》中对每日天气情况如下雨、刮风、晴天的准确记述。[26] 他总是被对天气的"忧虑"所困扰，天气状况决定着他的情绪，给他带来活力或忧郁。

例如，1813 年 2 月 12 日，"天气晴朗……温暖的南风"，第二天，"下雨。西南风（暴风雨）。我在焦虑和沮丧中醒来"，但到了第三天，2 月 14 日，"下雨，刮风，天气温和"。接下来的三天，《日记》中都记录了风。有时候，比朗还会说明风的温度。比如，2 月 28 日，"冷风""内心的混乱持续存在，我觉得自己很不在状态"。

相同类型的叙述此处不再引用太多。有时，对天气的描述会更加精确：例如，1815 年 4 月 14 日，天气晴，但"刮起了冷风……空气回寒，不再有春天的气息：这变化……影响了我的头脑。我纠结于此，感到痛苦，并且无法工作"。在五、六月间，比朗经常记录风的存在，无论风伴随着雨水还是晴天。他记录道，"变幻不定，大风。我一整天都很不舒服"。[27] 日记中是否记录了风在一定程度上决定了他的情绪、健康状况、专注程度、反思或冥想的状态。

克劳德·里施勒（Claude Reichler）强调了比朗的多变、间歇、意识流动和不可捉摸等特征。[28] 这些也都同样是风所具有的特征。关于这一点，有必要指出，比朗正是贝尔热拉克地区"医学宪章"的起草者，而我们也知道，风在这类文献中所占据的重要地位。

如果说上文叙述展示出了曼恩·德·比朗对风的本质的敏感性，他的这种敏锐却是以隐晦的方式表达出来的。而莫里斯·德·盖兰与空气流动的关系则截然不同。在我看来，这位年轻的浪漫主义者就风对自身的影响做出了最深刻的分析。这就是为什么我们要用比曼恩·德·比朗更长的篇幅来介绍他。

1833 年 5 月 23 日，盖兰在一封写给他的朋友雷蒙·德·里维埃（Raymond de Rivières）的信中，准确地描述了自己对天气的敏锐感知：

> 不幸的是，我的心灵状态会受大气的影响，这一点是稍有迹象可循的；但不管这影响多么轻微，在阴霾多雨的日子

里，大气的影响对我来说仍是一个负担，而当天空放晴，
我如释重负，感到内心的宁静，伴随着喜悦，驱走内心最
沉重的悲哀和黑暗。[29]

风是"从那些未知的嘴巴里呼出的强大呼吸"，对人的身体状
态起着决定性作用。盖兰认为"大自然的声音如此明确地左
右着我"，他说，"我几乎无法摆脱它给我带来的忧虑"。紧接
着，他在下面的描述中联系到了崇高的定义：

在午夜睁开眼，在暴风雨的呼啸声中醒来，在黑暗中，
被一种野蛮而狂暴的和谐所攻击，这攻击扰乱了宁静的夜
的帝国，这是一种无与伦比的、奇异的存在；是恐惧中的
快感。[30]

盖兰和他的一个朋友还见识过"风的狂怒"。盖兰描述了他所
经历的这场"奇怪的抗争"，这一体验再一次显示出此前博克
（Edmund Burke）和康德（Emmanuel Kant）所定义的崇高。
他们俩"站在（布列塔尼地区）一处悬崖的边缘，在风的力量
和它的狂怒之下像树叶一样摇摆"。"我们的身体倾斜着，双腿
分得很开，以保持下身稳定增强抵抗力，两只手用力抓住礼帽
让它们紧扣在脑袋上。""两个身高五尺的家伙……在风力摇撼
中如树叶般瑟瑟发抖"，经历了"一个融合了崇高情怀和深刻
想象的时刻，心灵与自然直面相对"。[31]

温斯洛·霍默,《棕榈树》, 1898

珍·皮勒门（Jean Pillement），《风暴中的沉船》，1782

莫里斯·德·盖兰在短暂的一生中，写下了无数与风相关的评论，无不显示出他强烈的天气敏感性。对此我们无法一一列举，暂且引用其中的一段，或许篇幅有些长，但它特别清晰地描述了风在这个依然稚嫩的少年心中激起的情感，这就是他对1833 年 5 月 1 日天气的描述：

> 上帝啊，多么阴沉的天气！风，雨和寒冷……今天，我看不见别的，只看见骤雨在空中一阵接一阵翻滚，狂风推动着雨云，把它们刮成巨大的柱子模样。我也听不到别的，只有这狂风将我四下包裹，发出不知从哪里学来的悲凄阴森的呼号：让人感到不祥的气息。我感到空气中飘荡着灾祸与不幸，撼动我们的居所、在每一扇窗户前大唱丧曲。这风，无论它是什么，在它以神秘的力量令我心生悲怆之时，也撼动着外界自然，不只凭借它的物质力量，或许还有别的什么：谁又知道，我们是不是已经弄清楚了所有元素之间的关系和彼此的相互作用？透过窗户，我看到风猛烈摧残着树木，令它们绝望……在这些日子里，我从灵魂最深处、从它最私密的核心、最深刻的本质中，体会到一种奇异的绝望：就像被遗弃在没有上帝的黑暗之中。我的上帝啊，我的静休怎么会被空气中发生的事情改变，我心灵的平静就这样被风反复无常而左右……我变成了这吹拂大地的气息手中的玩物。[32]

我开始觉得，莫里斯·德·盖兰的作品被公众不公正地遗忘

了，它们和维克多·雨果的小说一样，是所有描写风、描述风
对自然和对心灵的影响的文学中最迷人的作品；不要忘了，在
这些文字中，曾提到了一个非常重要的信息：它将风塑造成了
一个看不透的谜。

第四章
# 风的新体验

1788 年 7 月 13 日，星期天，一场被认为是人类有史以来最大的风暴席卷西欧，从图尔地区一直横扫到奥地利的佛兰德斯。风暴以惊人的速度从西南方向向东北方向移动。6 点半，人们在都兰地区发现它的踪迹，8 点它抵达朗布耶，8 点 30 分抵达蓬图瓦兹。当时的人们完全无法对这场灾难作出科学解释。

这次风暴是一次真正的袭击。撰写这次灾难报告的三位主要作者之一、英国皇家科学院院士亨利-亚历山大·特西尔（Henri-Alexandre Tessier）认为：

这股狂风似乎遵循着事先规划的路线，像是一个隐身的恶魔。这个破坏分子引导、操控、驱动着一切。它旋转着，摇晃着云层，扭折着树木，让人觉得它好像从不同的方向吹来……它穿越深谷，高原，森林，大河，特别是卢瓦尔河和塞纳河，给一些从来没见过冰雹的国家带来了冰雹。

沿途的一切都被掩埋、砸碎、毁坏、甚至连根拔起：屋顶被掀翻，窗户被震碎，牛羊死伤无数。果实凋零，蔬菜破败，鸟儿、绵羊都难逃死亡的厄运。[33]

"风暴"令这个国家"惨遭蹂躏""满目疮痍"。这听起来像是"真正的世界末日"。风的"袭击"还令很多城堡损失惨重。越奢华的处所，受破坏的情况就越严重。特别提到的朗布耶城堡，据报告，共有11749块玻璃被打碎，屋顶瓦片和石板"粉碎"，屋脊被"塌进了墙壁粉刷层中"。

当然了，1788年7月13日的风暴随后被人们赋予了一层象征意义，被视为法国大革命爆发的前兆；而后者被描述为一场"风暴式的运动，凭借自身力量产生和推进"。[34]大革命前夕，大恐慌发生的路线与风暴路线近似，所以也与风暴联系了起来。

约翰·西尔·柯特曼（John Sell Cotman），《船离岸，风暴逼近》，1830

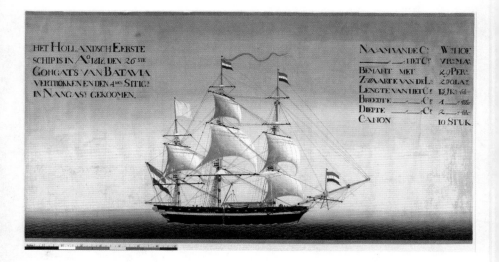

川原庆贺（Kawahara Keiga），1818 年第一艘抵达长崎的荷兰船只，依靠风力
帆船的欧洲大航海终于抵达了东亚，1800—1880

尤金·伊莎贝（Eugène Isabey），《返回港口》，1883

阿努什卡·瓦萨克对这一事件进行了更为深入的分析。她认为，风暴引发了另一种对空间的认识，使人们认为它不再是一个稳定、坚实的客体对象。

她写道："吹碎城堡的玻璃，意味着打破世界秩序，这一时期哲学和物理学开始更深入地理解现实，并承认世界本质的混乱和无序性。"[35]

不难理解，内陆的"狂风肆虐"对人类整体造成的打击，在我看来比当时画家们反复描绘的海上风暴具有更宏大、更真实、更具象征和隐喻的意义。

18世纪下半叶大航海运动正值高潮。那是帆船航海的时代，它的核心就是捕捉风；只凭这个理由，这些冒险就应该成为本书的核心。但实际情况并非如此。在这些伟大航海家的记述中，不管是路易·布甘维尔（Louis Antoine de Bougainville）还是詹姆斯·库克（James Cook），都不断提及风的类型和与之相应的航海技术，但这些记述表明，人们对风的理解非常有限，除了信风和几种区域性风以外，几乎一无所知，并且没有想要深度理解风的愿望，尽管他们已经使用了一些指引

方向或测量的工具。在这一时期，阅读航海
图的目的首先是为了弄清楚所有避难所的位
置，在发生危险时可以寻求庇护。

这里的叙述表明当时遵循的是接触原则：风掌控着所
有航线，它决定了航线是否可行。船只航行过程中完全
受风的支配，航线由起航时的风向来决定。人们根据对
风的性质及其危险的记忆来决定选择哪条航线。航行
期间，最怕遇到"阵风"和飓风。"逆风"会影响
船的移动，如果遇到的是"顶头风"，就必须抢
风迂回前行。水手们喜欢风平浪静，更好的
是遇上好风"借力""顺风"，在"下风"向，
他们就能"御风而行"。

在航行过程中，风操控着一系列极其复杂
的动作，人们要根据风的性质来调整帆的角
度。不过，前期准备能有的创新极其有限，仅
限于船舶结构和帆结构方面的技术创新。在阅读
这一时期航海家的记述时，唯一值得注意的变化（与
文学领域展示出的对风的想象相反，这一点我们将在下
文看到）是：航海家们已经不再沿用古代对风的命名；
他们不再使用玻瑞阿斯（Borée，北风），泽费罗斯
（Zéphyr，西风），欧罗斯（Euros，东风）或诺托斯
（Notos，南风）这些神的名字。

综上所述，这些航海记事的读者们不得不忍受冗长乏味的流水账，基本上是对各种重复操作的陈述。因此，我们在其中并不能发现对风的新体验。在整个 19 世纪，快帆船的发展是显而易见的，但矛盾的是，它们对风的研究几乎没有什么新贡献。

让我们来听听布甘维尔讲述自己 1767 年和 1768 年抵达麦哲伦海峡的经历。[36] 他巨细无遗地讲述了航行对风的依赖，风如何决定了航海的节奏。1767 年 12 月 2 日：

> 从 2 号下午开始，我们就看到了维吉角，很快又经过了火地岛，一连几天都是顶头风和恶劣的天气。我们先抢风迂回行驶了一阵子，直到 3 号晚上 6 点，风向缓和，把我们送到麦哲伦海峡的入口……7 点半，风完全平息了，海岸笼罩着大雾；10 点钟开始降温，我们一整夜都在逆风换抢航行。4 号凌晨 3 点，我们借着北方吹来的一阵凉爽的风向陆地驶去……

一个月以后，他们遇到了飓风。

> 从（1768 年 1 月）21 号夜里到 22 号白天，出现了一段短暂的平静；似乎风让我们简短休息一下，就是为了积聚所有的怒火、以更猛烈的力量向我们袭来。一场可怕的飓风突然从西南偏南方向吹来，它的强度让最年长的水手也感

到震惊。

这里可以清楚看到他们对航海经验的依赖：

> 两艘船都必须立即**放下大锚，降下横桅和顶桅**。我们**把后桅用绞帆索捆好**。所幸这场飓风没持续多久。24号天气就转好了。

布甘维尔从这些冒险经历中得出结论，考虑到各方面因素，要绕过南美洲大陆的南端，最好选择走麦哲伦海峡而不是合恩角。

## "顺应风意"的气球

鉴于前面提到的各种原因，乍一看，由于18世纪末航空技术的兴起[37]，对风的体验的更新应该来自飞行员的经历。但事实证明，情况并非如此。

诚然，在很长一段时间里，至少在飞艇出现之前，气球都是由风驱动的。根据当时的惯用说法，气球的驾驶是"顺应风意"的。因此，飞行员比在海上航行的舵手更倾向于将风视为其驾驶经验的决定性因素。但当我们翻阅早期天空冒险家的叙述时，却发现这些描述人类在空气的海洋中穿行的唯一证据（亚历山大·冯·洪堡提出并做过粗略描述）还完全不为人所知。

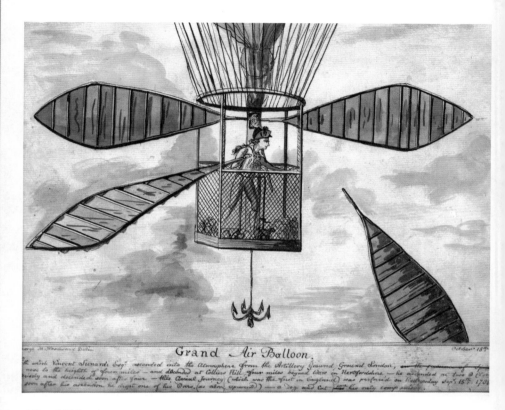

乔治·穆塔德·伍德沃德（George Moutard Woodward），大气球：文森特·卢纳尔迪乘坐热气球上升，1784

托马斯·罗兰森（Thomas Rowlandson），1785 年 1 月 7 日，布兰查德和杰弗里
乘坐气球从多佛出发，1794

从人类诞生时起就已经产生的伊卡洛斯的梦想，从未实现过。这种全新的空中航行体验，令人们开始关注并分析作为情感载体的风。

此外，由于启蒙运动已走向末期，"空"已经不像以往那样总是被惯常地视为负面概念。[38] 它终于可以成为静观的对象，在人们的观念中，它可以治愈文明的滥觞给个体带来的疾痛。从这个角度来看，航空旅行首先是"正面对抗空，面对充满动力和生机的广袤空间"，而对风的关注也逐渐被对空的兴趣所取代。尤其是当大地的景观从视野中逐渐消失，空中旅行变成了一场没有参照物的旅行。然而，无论是在陆地还是在海上，航行总是要有参照物的，尤其是风向所提供的参照。最终，天空的非物质性特征使人失去了对运动的感知，导致"在无尽的虚空中感到迷失"。这种拥有"无限灵活性"的感觉导致人们忽视了空中运动的驱动力，也就是风。此外，在第一批飞行员看来，他们的飞行，除了少数特例外，都是对天空神圣信仰的反叛。

我们也不能忽视空中穿行这一行为所带来的宗教和科学的联系。因此，有些飞行员说他们感觉自己置身于地球和天堂之间，迷失在完全的非物质空间中，仿佛气球带着"他们的身体进入无限"。[39] 话虽如此，气球飞行同时也证实了宇宙和地球之间的天空是不存在穹顶的。

前面的背景介绍让我们理解了那些第一次乘气球进行空中旅行的人在飞行后的情绪感受。他们不仅以一种全新的方式感受了风，还见证了大地的奇观，第一次俯瞰到地面熟悉的景物，是令人马上着迷的体验。飞行员们见证了这一广阔全景，并惊异于天空的孤独、夜晚的寂静和旅行的悄无声息。

除此之外，早期飞行员体会到的情绪主要也与身体内的感觉有关；首先是一种欣快之感，后来我们知道这是由空气中含氧量减少引起的。乘气球飞行，让人远离地表的废气，带来了全新的呼吸方式，当时的人们相信这是与宇宙更为和谐同步的方式。别忘了所谓的高海拔空气的医疗价值，当时的人们相信越往高处空气就越纯净。此外，人们也发现在飞行员在空中旅行时对寒冷的耐受度更高，对此的解释是，在气球上，人们随风而行，而在高山上，人们通常都是在与风对抗。

还有另外一种理论与我们的研究相关：气球的持续漂浮保证了空气的新鲜程度和质量，能起到提神醒脑的作用，尤其是通过皮肤的感受。早期飞行员的叙述都非常强调道德与身体的双重净化，认为高空的空气处于持续流动中，因此可以净化身心。

然而，升空过程中身体并非没有产生不适：第一批飞行员感到迷醉、眩晕、呼吸困难。到了 19 世纪中期，保罗·拜尔特（Paul Bert）会向人们解释高海拔的所有不良影响，他将证明

约翰·格雷戈里·克雷斯 (John Gregory Crace)，1833 年新亨格福德市场河岸景观，1880

约翰·墨菲（John Murphy），莫尼少校带着气球坠海，1789

这些问题是由缺氧造成的。

不过，第一批气球很快就到达了令人赞叹的高度。1783 年 12 月 1 日，创下了海拔 3000 米的高度纪录。1785 年，这一纪录达到了 5000 米以上。这些壮举满足了人们对高度的痴迷，满足了征服天空的成就感以及对构成世界的基本元素发起挑战、与空无对抗的痴迷。

迷失在浩渺的空中，没有参照物，飞行员将自己完全交由空气掌控。他迷失方向，任凭风的摆布。因此伴随着有时被视为神圣的沉寂，风给人一种宁静甜蜜的感受。[40]

1872 年，卡米耶·弗拉马利翁（Camille Flammarion）所著的《大气：对自然界伟大现象的描述》（*L'Atmosphère. Description des grands phénomènes de la nature*）在法国出版，标志着一个重要转折。通过这本科普读物，公众了解了乘坐气球的体验。总的来说，20 世纪下半叶的飞行员所做的描述比他们的先驱者更为准确、也更有说服力。此外，个人乘气球的经验也迅速增加。[41]

在 1887 年和 1888 年的夏天，居伊·德·莫泊桑两次乘坐"霍拉"号气球进行空中旅行，并讲述了自己的"空中探险"经历[42]，第一次去往比利时，第二次则是在巴黎近郊。他为我们提供了哪些有价值的信息呢？面对埃米勒·维尔哈伦（Émile

Verhaeren，比利时诗人、剧作家）的轻蔑目光——在他看来坐在一个"会飞的篮子"里旅行，不过是让自己成为"风的奴隶"——莫泊桑显得惜字如金：在乘气球旅行的过程中，"我们什么都感觉不到；我们漂浮、上升、飞行、滑翔"。其中没有任何关于风的印象。不过当然了，在这种情况下，作为一名作家—记者他必须描述自己的情绪变化："深沉而陌生的幸福感""无限的休息、将一切遗忘、对一切都不在乎""没有噪声、没有抖动、没有震颤"。

话虽如此，习惯于在河流上扬帆航行的他不可能完全忽视风的存在。他把气球描述成一个"巨大的玩具，自由而温顺，有着令人惊讶的灵敏度和操控感，但更重要的是，它也是风的奴隶，而后者并不听从我们的命令"。随后莫泊桑兴奋起来，忘记了风，"我们在这种美妙的静止中穿越天空，空气承载着我们，仿佛我们也和它一样，沉默、快乐、疯狂""我们不再有遗憾，也没有任何计划或企望"。

返程时，莫泊桑又谈到了风：在接近地面的地方，我们可以测量气球的速度。它像风一样飞快，此刻风也变得可察觉，"现在我听到了""从吊篮里探身出去，可以听见风吹过树林和庄稼的巨大声响……我对乔维斯船长（他的飞行教练）说：'风可真不小啊！'紧接着又有点自相矛盾地说：'我坚信那是风，确定自己的耳朵不会听错，因为平日里总是听到风吹动缆绳的声音。'"

丹尼尔·瓦谢兹 (Daniel Vauchez) 制作的金表，1783—1790

这段在气球内部对风的描述证实了我们所说的：风为气球提供了基本动力，但在静谧、流畅、纯洁的体验中人们往往会忘记它的存在；直到贴近地面时，又再次听到它那嘈杂而具有威胁性的呼吸，它似乎就像在海上肆虐时一样，宣告着危险和死亡的威胁。

## 沙漠中的沙尘暴

沙漠中的沙尘暴从古典时期就已为人所知。希罗多德就曾描述过它。1730 年，詹姆斯·汤姆逊在《四季》（*Les Saisons*）[43]中关于夏季的部分，用了一整篇引人入胜的描写来讲述沙尘暴。但是，直到 19 世纪，才首次有大量旅行者亲身经历这一惊心动魄的场面，并诉诸文字。沙尘暴经常出现在北非，特别是撒哈拉沙漠和埃及地区。

勒内·凯里埃（René Caillié）在他著名的廷巴克图之旅中，多次遭遇了这一地区典型的"沙暴"。1828 年 5 月 23 日，他写道，一阵猛烈的东风，

> 差点将我们吞没在它卷起的大片沙土之下……在这可怕的一天里，让我们最烦扰的就是裹挟着大量沙粒的龙卷风，它在行进过程中，时时刻刻都有可能把我们掩埋。其中有一股龙卷风，比其他来的都要猛烈，从我们的营地横扫过去，掀翻了所有帐篷，把我们都吹得稻草般原地打转，我

勒内·凯里埃

们被大风掀翻，连滚带爬挤作一堆：已经不知道自己刚刚身在何处，也不能分辨 30 厘米外有些什么；沙尘就像一片浓雾，把我们包裹在一片黑暗之中；天空与大地已经浑然一体、无法分辨。

在这场大自然的剧变面前，人人都惊魂未定；哀号从四面八方传来；人们大多在倾尽全力疾声祷告，祈求上帝的保护：

世间只有一个真主，穆罕默德是真主的使者！在这些呼喊、祈祷和风的咆哮中，不时夹杂着骆驼低沉哀怨的呻吟……在可怕的沙尘暴肆虐的时间里，我们躺在地上，一动不动，忍受着口中焦渴和身下灼热的沙粒，在狂风之下无法起身。不过至少，我们还没有受到烈日暴晒，太阳几乎完全隐藏在厚厚的沙幕之下，看上去暗淡无光。[44]

这阵"可怕的狂飐"持续了三个小时。

这幅画，可以媲美最伟大的东方画家的作品，此后人们在无数游记中对沙尘暴的记载都无法超越它。面对沙漠的威胁、在被沙粒裹挟的险境中，我们发现人们的反应与对海上灾难的描述如出一辙；在这些场景下，风都是灾难的始作俑者。

这一时期，撒哈拉沙漠是真主力量显现的地方。正如吉·巴尔忒雷米（Guy Barthélemy）所指出的，沙尘暴的画面是一个与背景相协调的极端事件，而作为背景的"过度的沙漠"本身就有着极端特征——皮埃尔·洛蒂（Pierre Loti）进一步指出，这两者都是超验性的具象化。沙漠有着广阔、空无、寂静和奇异等特征，在风的作用下，这个唤起无限和永恒的环境，成为聆听神谕的理想场所。吉·巴尔忒雷米写道，沙尘暴"刻画了沙漠两面性的特征，这正是神的写照：当我们感到气息，那是神在与心灵对话""当这气息增强，以可怕的力量化身为风暴，旅行者所面临的危险，与那些想要一睹神的面容的信徒所承受的风险并无二致"。[45]

在形而上学视角下，沙尘暴被阐释为带有神秘主义色彩的欲望的释放，这一场景在巴黎的音乐舞台上被不断重现，1844 年费利西昂·大卫（Félicien David）的交响乐《沙漠》就是最好的例证：

> 低下你的额头！
> 西蒙，火之风
> 扫过，就像神降下的灾难
> 安拉！怜悯您的信徒吧！
> 安拉，支持那虔诚的心！
> 天空已不在——安拉！安拉！
> 地狱在向我们逼近！[46]

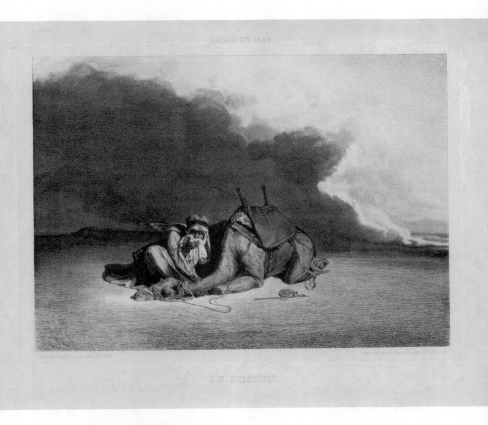

让·弗朗索瓦·波尔塔斯 (Jean-François Portaels)，《沙漠风暴》，1848

沙漠之风

在 19 世纪作家留下的众多关于沙尘暴的故事中，关于坎辛风
（khamsin，也称西蒙 simoun）的描述最能吸引法国读者的
目光，它表现为巨大的垂直云和旋风，发源于埃及的科塞尔
沙漠。1850 年，福楼拜在一篇《感官日志》[47]中对它进行了
描述。

> 天气很热——我们的右侧，一股从尼罗河边吹来的坎辛风
> 在慢慢吹拂……旋风在我们上方积聚并前进，像一个巨大
> 的垂直云，它在还没有包围我们之前，就早已悬在我们的
> 头顶上，而它的底部，还在我们右侧距离很远的空中——
> 它是棕红色的，夹杂着淡红色——我们被包裹其中……一
> 种恐惧和愤怒的敬畏感顺着我的脊梁灌注而下，我紧张地
> 笑了起来。我一定脸色苍白，以一种难以置信的方式享受
> 着快感，当沙漠商队从我们旁边经过时，我看到骆驼好像
> 已经触不到地面，它们挺着前胸，船一般滑行前进。

过了一会儿：

> 温暖的风从南方吹来，太阳看起来像一个棕色的银盘，第
> 二股龙卷风向我们袭来，它像火灾发出的浓烟一样向前移
> 动，炭黑般的颜色，底部完全是黑色的，它一点点向前移
> 动……烟幕包围了我们，它的底部呈螺旋形，有宽阔的黑
> 色边缘，风势如此猛烈，我们只能紧紧抓住驼鞍，以免跌
> 落。当最猛烈的一段风暴过去之后，风里携带的小石子雨

点般落下来——骆驼扭转屁股停下脚步，倒在地上。

这并不是演示形而上学的戏剧化场景。在福楼拜的经历中风暴更接近于崇高感。飓风的爆发和巨大的垂直云带来的直观感受，令旅行者体验到一种难以置信、无以言表的快感。此外，与勒内·凯里埃描述的营地被摧毁的经历不同，福楼拜在日记中讲述了随沙漠商队旅行、骑在骆驼背上遭遇沙尘暴的体验，他的描述包含更多动态因素。

19世纪中期，随着儒勒·凡尔纳的小说《气球上的五星期》（*Cinq semaines en ballon*）的出版，公众对西蒙风的认识大幅提高。这部小说获得了巨大成功。这本书中乘气球的旅行者曾经两次遭遇西蒙风，对它做了非常准确的描述，书中所有事件都是围绕着风向和风力的变化展开的。

在空中旅行者的下方，"平原像暴风雨中汹涌的大海一样摇晃着；汹涌的沙浪互相拍打，并且笼罩着浓浓尘烟，一个巨大的云柱从东南方向以极快的速度旋转前进；太阳消失在一片晦暗的云层后面，云层投下的阴影一直笼罩着维多利亚号（气球的名字）；沙粒像液体分子一样顺畅滑动，潮水不断上升"。"西蒙风！弗格森医生喊道。"在驾驶员们丢弃压舱物之后，气球上升到西蒙风上方，开始"在这片波涛汹涌的海面上以出乎预料的速度前进"。[48]显然，儒勒·凡尔纳仔细研读了旅行者的记述，并把沙尘暴介绍给了更广大的读者。

儒勒·凡尔纳

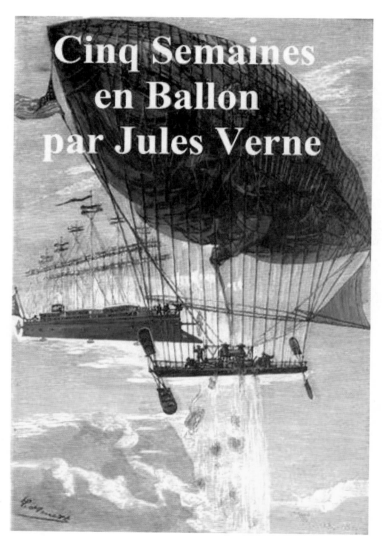

《气球上的五星期》

沙漠并不是风和沙结合的唯一场所。梭罗在叙述自己的科德角的探险过程中也记述了一系列惊人的气候事件。在这一小块土地上，风似乎无处不在。它把房屋的周围清扫干净，把沙粒抛洒在岩石上，把海浪像风帆一样高高鼓起。风力肆虐最严重的地方在普罗温斯敦，尤其是被称为"沙漠"的一片区域。

梭罗讲述了自己的一段经历：

> 吹过这片沙漠的风既不是西罗科，也不是西蒙，而是从新英格兰吹来的一股古老的西北风……我们可以想象一下，如果有一天，天气更干燥、风更大，那出现在我们面前的将是一个向空中耸起的沙丘……这意味着风拍打在脸上的感觉，不像是一只猫，而是一只长着千万个尾巴、每个尾巴上都长着尖刺的猫。[49]

从叙述中可以看到，科德角对梭罗的吸引力主要来自风和大海，其次是岩石和沙子。在这一点上，作者表达了一种在西方非常盛行的审美品位，在19世纪中叶，浪漫主义仍占据主导地位，抒发着最后的热情，在美国，它表现为以爱默生为代表的超验主义。

## 穿过广袤森林的风

18世纪下半叶出现了一种新的旅行热潮，芭芭拉·斯塔福德

（Barbara Stafford）称之为"实体之旅"[50]，即在原始自然中、在带有异国情调和令人惊叹的植被环境中旅行。最突出的例子就是热带森林和它激发的情感。这种对异地自然环境的全新体验，在很多著名学者尤其是亚历山大·冯·洪堡和查尔斯·达尔文的书中最广为人知，随后，这种热情在 19 世纪末美国西进运动的探险热潮中延续了下来。正是在这种背景下，有了大型公园的出现，而那些既是超验主义的继承者，又同时是生态学运动先驱的探险者们，会深入古木参天的森林，倾听风的声音。约翰·缪尔（John Muir）因此称得上是最伟大的风的研究者，他在优胜美地（Yosemite）森林里研究风的发生、路径，最重要的是风的语言和风的气味。他把对风有意识的聆听发挥到了极致。所以说，这位怀有无比激情的探险家以及他描述的由风激起的情感，应该被永远铭记。

从 1868 年到 1872 年，他在优胜美地山谷度过了五个冬天。他此行的目的是"看风"：

> 一般来说，人们喜欢去观察山川河流，并把它们留在脑海里，但很少有人关注风，尽管风更美丽、也更崇高，而且它们有时与水流一样清晰可见。冬天，当北风掠过塞拉山脉绵延的圆形山峰时，它现身为一道逶迤数公里的雪旗。即使对最缺乏想象力的人来说，这些化身为有形的风也不可能是完全看不见的。[51]

风的声音融入了大自然的各种音响，在某些情境下尤为突出，比如在秋天，风的叹息比此前更加柔和，"它轻盈的'啊－啊'让天空弥漫飘荡的乐音"。但当"冬天到了，气息突变，伴随着猛烈的暴风……这时可以听到树顶上奇怪的低语，好像巨人们在互相交谈"。在犹他州，他目睹了一生所见过的最大的风暴。

大约下午四点半，天空中出现了一片深棕色的云：

> 几分钟后，它狂野的吼声席卷了整个山谷，一股真正的风的洪流，夹杂着沙尘疾速狂飚，前线如巨浪般翻滚激荡……一路切断的树木，四周漂浮的尘雾和路径上所有可移动的物体随之疯狂起舞，这些都是如此清晰可见，这使得它既令人敬畏，又鼓舞人心。[52]

在约翰·缪尔眼中，狂风总是以"最亲切、最和谐的方式"[53]散播自己的善行。

他最大的喜悦是看到风与森林的结合。他会按照树的种类详细介绍：

> 风吹拂着森林，仿佛满怀爱意，让它得以呈现自己的力量和美丽。**风的影响是普遍的。**它们悉心关照每一棵树，拍打每一片叶子、每一根树枝、每一条皱巴巴的树干——没

亨利－约瑟夫·哈皮尼（Henri-Joseph Harpignies），《莫旺的岩石小路》，1869

海因里希·库恩（Heinrich Kühn），《大风天气》，1902

有一个被遗漏：风寻找它们，找到每一个，温柔地抚摸它们，以近乎挑逗的方式吹弯它们，刺激它们的生长，如有必要也会替它们修剪掉一些叶子或树枝……[54]

对此，任何评论都是多余的。但约翰·缪尔的热情没有就此止步。"总有一些东西让人深深感动，不仅仅是穿过森林的风声……而是它如水的变幻流动，可以在树木的摇曳俯仰中看见"[55]，根据树种的不同，风也千姿百态。

事实上，约翰·缪尔指出，"不同的树在风中摇摆的姿势"是一个"令人愉快的研究课题"。1874 年，他写道，当他漫步在塞拉群山：

年轻的兰伯氏松，如松鼠尾巴一般蓬松轻盈，几乎弯到了地上，而那些老树，粗壮的树干早已经历了几百次暴风的袭击，在它们上方不失庄重地摇摆，长长的树枝**在阵风中流畅地摇动**，枝上的每一根松针都在颤抖、回响，像钻石一样反射着璀璨的光芒。[56]

道格拉斯冷杉、银松和野草莓树在风中展现的姿态各个不同。约翰·缪尔经常沉浸在这音乐和"激情的舞蹈"之中。作为这方面的专家，他强调每棵树"都有表达自己的方式"。[57]

约翰·缪尔的这种凝视和倾听中浸润的宗教精神通过他对风中

银松的描写展露得淋漓尽致：

> 这些六十米高的巨大尖塔，像柔软的金杖一般摇晃着，
> 仿佛一边唱着赞美诗，一边俯身祈祷……风的威力如此之
> 大，以至于他们的君主……都在风中颤抖、连最深的根系
> 都在抖动，靠在它身上就能明显感觉到。大自然在那里举
> 行盛大的庆祝活动，连最僵硬的巨人都在用它所有的纤维
> 在快乐和兴奋中抖动着。[58]

这些巨型植物自身的情感并不仅仅体现在对风的反应上。风
会将音乐和一系列气味传播到空中去。在他高处的住所，约
翰·缪尔"平静地品味着风中飘来的芬芳气味……那是富含树
脂的树枝相互交缠以及数百万松针之间不断摩擦产生的气味，
随风散发出令人精神振奋的芳香。而且，除了此地的香味，风
中还携带着远方的味道"。的确，从大海方向吹来的风诞生在
与"又凉又咸的海浪"的摩擦中，在穿过红杉林之前，它还曾
探入那"长满蕨类植物的茂盛深谷"，在"开满鲜花的山脊"
上尽情舒展摇摆。总之，"不管是粗略分辨还是细细品味，风
都携带了它们接触到的一切事物的印记，我们足以从风的气味
中描述它们的足迹"。[59]最后，约翰·缪尔回忆起了所有那些
让人耳熟能详的描写，在船只接近陆地时，自陆地吹来的风怎
样给海员们送来熟悉的气味。

这位探险家在森林中对风的体验，也是我们最关注的问题，这

种体验在他攀越塞拉山脉、遇到那棵高达 30 米的道格拉斯冷杉时达到顶峰。他的目标本来是要去他"崇高的观景台"上去欣赏那里独有的风之交响乐。渴望去倾听和品味那由高海拔地区的松针演奏出的风神之音。约翰·缪尔详细描述了构成这首森林与风的交响乐的所有声音:

> 光秃秃的树枝和树干发出的浑厚低音听上去就像咆哮的瀑布;松针高频、紧张的振动时而尖锐高扬、时而丝般顺滑;山谷里,月桂树丛发出沙沙声和树叶相互拍打的咔嗒脆响,这些声音都可以清楚地分辨出来。[60]

在观景台上停留了两个小时之后,约翰·缪尔确信,在自然界,植物没有表现出任何感到危险或不满的迹象。森林中的风唤起一种无可比拟的喜悦,它既不是狂喜,也不是恐惧。[61] 这段经历让这位森林英雄开始明确反对达尔文的生存斗争思想,拒绝承认"所有生物都在为生命而战"的理论。

为了更好地理解这个心路历程,尤其是约翰·缪尔在叙述中提及的所有感受和情绪,我们也要考虑到他此前的一次记忆闪回。他在优胜美地的经历可以与他早年在苏格兰度过的时光联系在一起。1913 年,他在《童年及青年的回忆》中追溯了这一段经历:有一天,一阵吹过棕榈树和葡萄叶的海风,"唤起我千百段沉睡的记忆,我好像又变成了那个苏格兰小男孩,仿佛此间所有流逝的岁月都统统被抹去了"。[62] 这段回忆也应该

欧内斯特·哈斯克尔（Ernest Haskell），《风弯柏树》，1920

载入文学史，在普鲁斯特的小玛德琳蛋糕之前，无数文学家早已讲述了自己对这种记忆闪回、刹那间的时间交错、过去与现在惝恍难辨的体验。

# 第五章

# 《圣经》引发的对风的想象

几个世纪以来，尤其是从文艺复兴开始，人们对风
的想象弥补了对风的科学解释方面的不足。西方
文化中对风的想象建立在《圣经》的某些文本
和希腊罗马神话的基础上。这些经典又进一
步启发了文学史上的多部重要史诗。如果在
研究中忽略这一整套文学经典，是极为错误
的做法。然而，我们都知道，对史诗的狂热
崇拜在 20 世纪中期就已消退，这些作品早已
从中学课本和大众读物中消失了。

不过，历史学家面临的主要风险是一种心理上的时
代错误。如今再去强调受希腊罗马神话和《圣经》启
发的史诗在西方文化史上占据的重要地位，可能只会让
人付之一笑。但是，对于那些对风的历史感兴趣的人来
说，如果忽略了荷马、维吉尔、弥尔顿、克洛卜施托
克（Klopstock）、塔索（Tasse）、卡蒙斯

艾萨克·莫永 (Isaac Moillon),《风神带给奥德修斯各种方向的风》，年代不详

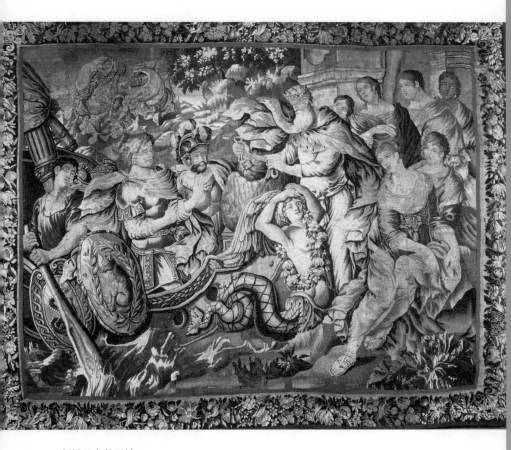

刺绣品上的风神

安东尼奥·兰达（Antonio Randa），《风神洞穴前的朱诺和风神》，1577-1650

(Camoens) 或龙沙 (Ronsard)，以及更晚一些的奥西恩和汤姆逊，那他将对几个世纪以来人们对风的想象一无所知——这就是本书下面几个章节中将要讨论的主题。

对《圣经》，尤其是对《旧约》中风的描述进行研究，难度很大；因为所有相关叙述都精巧微妙，叙述者经常把神的存在和他的气息混淆起来。这也就意味着《圣经》包含了无数与风有关的段落。接下来，就让我们耐心分析[63]。

《创世纪》*中记载，在创造世界和光之前，"一股神的风吹拂过水面"[64]。这就是《圣经》中风的前史（风的初次登场）。后来，在大洪水结束的时候，"神让风吹过大地，水便退了下去"。在《圣经》后面的叙述中，都

---

* 译者注：与中文读者熟悉的《圣经》行文稍有不同，本章所有引文均出自法文版《耶路撒冷圣经》(2001)。《耶路撒冷圣经》由耶路撒冷圣经及考古学院主持翻译，于1948年到1955年间对原有圣经内容进行逐章翻译，1956年首次出版，后在1973年、1998年和2000年分别进行了三次修订。在《创世纪》的开头，《耶路撒冷圣经》1973年版及此后的各修订版都没有采用如今广为人知的"神的灵运行在水面上"的译法，而是用了更贴近希伯来原文语意的"神的风""神的微风、气息"等。在其他章节中，对"风"的使用也更为明确。目前新《耶路撒冷圣经》的旧约部分尚无正式中文译本，书中引用皆为译者参考现有译本做的修订。

是乌云首先出现；但我们不能把它和风混淆起来。耶和华与摩西在西奈山相遇的时候就是这样。

《列王纪》上篇[65]对神和以利亚会面的描述，是很难阐释的。神吩咐先知站在山上；"耶和华就从那里经过。一阵劲风扫过，风力之猛烈足以摧山裂石，风在耶和华降临之前到来，但耶和华并不在风中"。随之一同出现的还有地震和火，接着是"一阵微风轻送"，昭示耶和华的到来；这令信徒相信，神并不存在于世界的喧嚣和暴力之中。

在《约伯记》中，人们见识了神的威力。其中提到了雨、雾、云、闪电、雷声。唯一提到风的部分是："一股东风吹来，把可恶的琐法从他的住处吹走了。"[66]

相比之下，《诗篇》的作者在言辞上就慷慨得多。[67]我们可以看到文中多处提到"风吹走了"。对那些不虔诚的人，神会对他们吹起"狂风"。在《诗篇》第18篇中，我们读到耶和华的降临，"乘着风的翅膀"飞翔；诗人接着写道，当神来

THE DELUGE.

古斯塔夫·多雷（Gustave Doré），大洪水（《圣经》第一版），年代不详

朱诺要求风神摧毁埃涅阿斯的船只，藏于华沙国家博物馆

临时，"世界的根基……随着你鼻孔里的风而显露"。这里，风同样被认为是上帝的呼吸，是创世的序曲。同样，在《诗篇》第 49/50 篇中，我们读到神的降临，"狂风骤降，环绕在他四周"。直到此时，风的出现才成为耶和华到来的标志。在诗篇第 77/78 篇中对穿越沙漠的旅途的描述中，情况又有所不同。这一次——就像在大洪水结束的时候一样——风是神的工具，遵循着神的指令。

> 他召唤东方的风在天空中吹起，
> 他用自己的力量令南风吹来……

在《诗篇》第 104 篇中，作者写道：

> 让乌云成为你的战车，
> 你乘着风的翅膀前进；
> 你把风当作信使。

《诗篇》第 106/107 篇与我们的研究最为紧密，讲述了神如何在暴风雨中解救人类，尤其是航海者们，并帮助他们脱离险境：

> 他开口下令，一股狂风突起，掀起了海浪；海员们被抛上天空，又跌落深渊；他们脚下脆弱的船身在风浪中剧烈地旋转摇晃。他们呼喊着耶和华的名字，乞求他的拯救。他

随即令狂风停止呼号，海浪也平息下来。

这段讲述预告了《福音书》中耶稣平息海浪的故事。

在《诗篇》第 135 篇中，人们称颂耶和华温和而伟大："他从宝库中吹出风来。"在神所创造的一切事物中，诗人提到了"飓风"（《诗篇》第 148 篇）。

在《传道书》的序言中，传道人表达了自己对自然现象的规律感到的欣喜。[68] 因此，"风向南吹，又向北转，旋转往来，再原路折返"，最后一句是对世间虚荣名利的隐喻，追逐虚荣就像"对风的追逐"。此外，风不可预知的特性象征着神的不可识透性。

随后，风的消逝，它的空虚在文中被反复强调为人间事物的象征。所罗门的《箴言》[69] 中写道，"不敬虔之人的后裔，必被风摇动，被风的强暴连根拔起"。他们将受到惩罚：

> 一股强大的风要吹向他们，
> 像旋风一样把他们卷起。

因此，风作为神的惩罚来到人世。

所罗门的《箴言》中还更为真切地写道：

马陶斯·库塞尔（Mathäus Küsel），风神洞穴，1668

彼得罗·达·科尔托纳 (Pietro da Cortona (Pietro Berrettini),《风神》, 1669

有一些风是为惩罚而降临的，在愤怒中，它们带来了更严
重的灾害，大风吹起时，它们释放全部暴力，以抒发造物
主的愤怒。

作为上帝在场的标志或他的伟大、荣光和力量，风在《圣经》
文本中越来越多地作为惩罚的标志出现。因为神号令八面来风
"按他的旨意吹起南风，还有来自北方的狂风和龙卷风"。

现在让我们看看先知书中的讲述。耶利米预言了神为了惩罚以
色列人的放荡而在耶路撒冷降下灾难，在描述他所见的场景
时，他提到了风："风从高处吹来，从荒漠旷野吹来，临到我
百姓的女儿身上。一阵狂风从那里向我吹来……"[70]

当神愤怒时，
当他降下神谕时，
天空中出现了水的咆哮
他令云从遥远的大地边缘升起……
从他的宝库中释放出风

有一个概念反复出现：地球上有四种风，每一种都服从神的旨
意。所以我们在神谕中读到对埃兰（Élam）的惩罚[71]：

我将四股风带到埃兰，
从天空的四角

我必将埃兰人吹散到世间各处。

以西结刚瞥见耶和华的战车，就被北方吹来的狂风环绕着——
那是最可怕的一种风。耶和华谴责那些假先知："我要以怒气
掀起一场风暴……"[72]

与此相反，《但以理书》[73]里则记述了"清新的微风"把三个
年轻人救出火海；他们高歌呼喊："哦，那来自各方的风啊，
请祝福我主。"

在《那鸿书》中，神的怒气化作狂风，变得非常猛烈，正如《诗
篇》"耶和华的愤怒"[74]所写的：

> 耶和华是善妒而精于报复的神。
> 他的胸中充满了愤怒！
> 从来不会有罪不罚，他绝不容许……
> 在飓风中，在风暴中，他一往无前。

《撒迦利亚书》描写的第八次异象[75]中，对这四种风的模式做
出了最清晰有力的描述：在唤起四辆战车之后，天使宣称：

> 这四股来自天空的风，在全能的主面前领命后，各自出
> 发。那一匹匹黑马，朝向北方国家前进，白马紧随其后，
> 向南奋蹄直驱。它们强劲有力，疾驰在大地上。

"天使召唤我来（撒迦利亚说），对我说，看哪，往北方去的人，要将我的灵降在北方。"

可见，《旧约》中对风和来自各个方向的风的描写是非常丰富的；最初它只是环绕在神四周的轻盈微风，昭示神的到来，后来则逐渐成为他的标志，是他的力量、他的宏伟甚至他的仁慈的见证，而最终，风被认定为神发泄愤怒的工具，从四面八方吹来，形成大地上肆虐的四种风。

在《新约》中，风的出现则较为罕见，但总是起着决定性作用。我们在《福音书》《使徒行传》和《启示录》中都能找到它们的踪迹。《马太福音》中讲述的耶稣平息暴风雨的故事被传颂了好几个世纪。[76] 眼见洪水泛滥，耶稣被他的门徒们叫醒。"耶稣起身，开口威胁风和海（实际上是提比里亚湖），顿时一切就平静了下来。"大吃一惊的门徒们纷纷赞叹："这究竟是什么人啊，连风和大海都遵从他的号令？"耶稣行走在水上，彼得试图走上去与他会合。他刚走了几步，"一看到风，便心生惧意，开始下沉"。耶稣把他救了上来，"两人一上小船，风就安静了下来"。马可在他的《马可福音》中对这段故事的讲述更加详细[77]，他提到了"突然一阵狂风大作"，耶稣醒来，他威胁风，并对大海说："安静，闭上嘴！"紧接着，风就停了下来，四周一片安静。总之，在这段故事里，耶稣证明了自己拥有《旧约》中神的能力。这一点在耶稣宣告人子荣耀显现的宣言中得到了证实："他将派遣天使召集他的选民，从

弗朗索瓦·布歇（François Boucher），朱诺请风神放风，年代不详

欧仁·德拉克洛瓦（Eugène Delacroix），《基督在风暴中睡着了》，1853

四方之风，从地之尽头到天之穹顶"；这一次，四方之风依然代表了整个大地。而约翰，他从湖面上吹来的大风中感知到了圣灵的降临。[78]

众所周知，《使徒行传》中最重要的场景就是圣灵降临节，这一天，所有的使徒都聚集在一起。通常圣灵会以火焰的形式降临。然而此处记载着"忽然从天上传来一阵轰鸣，好像一阵狂风席卷了他们所在的整个房子"，不禁让人想起我们在《旧约》中读到的几次神的显现。

与此同样有名的是保罗的海上故事，在他前往罗马的途中，船队险些在马耳他海岸附近遇难[79]；引发这次危机的是"一阵飓风，从岛的方向吹来，人们叫它欧拉基隆（Euraquilon）"。人们常说，在地中海这片神之海上航行，就好像是对整个人生旅程的预兆，目的地是港口，即救赎。正是在这一视角下，人们把这里的风视为生活的痛苦的象征，而有罪之人必须将它们一一克服。

最后，在《启示录》中，又出现了四种风，它们代表着四个方位基点。[80]四个天使站立"在大地的四个角落，把持着大地的四种风，让它们一动不动，既不吹在海上，也不吹在大地上或树林中"。一句话，风所具有的地理价值和宇宙价值在这里被全部隐匿。

对《圣经》的回顾对于研究风的现代想象史来说是必不可少
的。我们不能忘记，在西方，自从印刷术普及以来，《圣经》
是传播最广泛的读物：众所周知，基督教的礼拜仪式在《圣经》
的广泛传播中起到了重要作用；在新教徒群体中，即使是最卑
微的家庭也都拥有《圣经》。如果没有《诗篇》的广为传颂，
特别是在英国，就不会有自然神学的出现和它带来的对自然的
静观和歌颂。

第六章
# 史诗所展现的风的力量

《奥德赛》的读者会发现正是风引领着奥德修斯的
旅程，让他不断地绕道而行。直到 19 世纪，在
任何其他史诗文学著作中，都没有让风扮演
过这样的角色，《埃涅阿斯记》中没有，甚
至在卡蒙斯的《卢济塔尼亚人之歌》（*Les
Lusiades*，1569）中也没有。让我们再重复
一遍，是风让这段旅程跌宕起伏。而它们听
命于众神的掌控：宙斯、波塞冬、雅典娜、
埃俄罗斯是他们的主人。一共有四种风——
就像《圣经》里一样——它们各自有着自己的名
字：玻瑞阿斯，诺托斯，欧罗斯和泽费罗斯；《奥德
赛》涉及的希腊罗马神话中与风有关的内容还有很多。
因此我们有必要做一下简要说明：北风玻瑞阿斯，拉丁
语名是阿基隆（Aquilon）；西风泽费罗斯，拉丁语名是
法沃尼乌斯（Favonius，也称焚风）；南风诺托斯，
拉丁语名是阿姆斯特（Amster）；东风欧罗斯，拉

[葡萄牙] 路易斯·德·卡蒙斯 著　　张维民 译

## 卢济塔尼亚人之歌

OS LUSÍADAS

Luís de Camões

四川文艺出版社
INSTITUTO CULTURAL de Governo da Região Administrativa Especial de Macau

卡蒙斯的《卢济塔尼亚人之歌》

Pellegrino Tibaldi inv. e dip.　　　　Domenico M. Fratta dj.　　　　Bartolomeo Crivellari int.

La Greca avara turba gli otri aperse,　　　Ma l'argolica Gente unqua non pave,
Onde i rei venti usciro,　　　　　　　　E in mezzo ancora a le procelle io miro
E quasi il greco legno si sommerse;　　　Franca varcar la nave.

D　　　　　　　　　　　　　　　　　　　　　　　　　　　　Tav. IX.

巴托洛梅奥·克里维拉里（Bartolomeo Crivellari），希腊人打开牛皮带，以为里面有金子，1756

丁语名相同（Euros）。每一种风都有它特定的力量、声音和触感。它们当然是顺从的，但各有个性。它们是神的工具，表达着神的愤怒、嫉妒、报复心和恐惧。

在《奥德赛》第十章中，奥德修斯与宙斯的仆人、风神埃俄罗斯的会面充分体现了风在故事中的重要作用。奥德修斯离开埃俄罗斯住处的时候，风神"剥了一只九岁公牛的皮；把奔走各方的狂风都封在了牛皮袋里，因为克罗诺斯的儿子（宙斯）让他掌管众风：他根据主人的喜好激发或平息它们。他用银绳扎紧封口，不让任何一丝风逃逸，并把这个牛皮袋交给我（奥德修斯说）；然后他把袋子固定在船舷上；随后唤起泽费罗斯，让这一股西风推送着人和船只，助我归程"。可惜世事难料！十天之后，当故乡的轮廓出现在前方时，奥德修斯却"不幸地睡着了"。

船员们以为埃俄罗斯在牛皮袋里装满了黄金和白银。他们聚在一起商讨，决定打开看看这些礼物是什么。"袋子被解开：所有的风都逃了出来，于是狂风卷起我的船，再次把它推回了大海"[81]，一直吹到了埃俄罗斯的小岛，埃俄罗斯因此痛骂奥德修斯，并一路追逐他和他的同伴们。

从这一刻起，这四种风在作者笔下陆续登场，
依次释放威力。它们各显神通，令主人公心烦意
乱。有时，在神的旨意下，它们还会联合起来。因为
篇幅冗长，为避免重复，我们只选择其中的一段，它发
生在史诗的第五章。波塞冬对驶入腓尼基海域的奥德
修斯十分恼怒，随即挥起他的三叉戟，召唤出四方狂
风。"欧罗斯、诺托斯、泽费罗斯，以及在蓝色海
洋中诞生的玻瑞阿斯一齐倾泻而出，一时间海面
上巨浪翻滚……狂风就这样把木船推向深渊，
一会儿是诺托斯把木船扔到玻瑞阿斯手中，
一会儿欧罗斯又把木船推向泽费罗斯。"[82]

就在那时，宙斯的女儿雅典娜"挡住了诸风
的道路……命令它们全部终止，沉入睡眠；
然后她号令玻瑞阿斯催起一阵迅猛北风，击退
海浪"。[83] 在众神的手中，风的作用总是千变万化。

当普罗透斯提到位于大地尽头、金发飘飘的拉达曼迪斯
的领地的时候，荷马的叙述变得温暖柔和，"那里为人
类提供了最甜蜜的生活，没有霜雪，没有严冬，没有
湟雨，只有泽费罗斯，那从海上吹来的和风给人们
带来阵阵清凉"。[84]

矛盾的是，虽然在《埃涅阿斯记》中维吉尔赋予风的地位远远不如荷马的《奥德赛》；然而，在现代史诗中，人们在引用与风和风暴相关的史诗经典时，都会首先想到《埃涅阿斯记》。

正是在史诗的影响下，自文艺复兴以来，人们对风的想象被崇高化，风被广为传颂、内容也越来越丰富。忽视这一文学形式，对我们的研究来说将是一项重大失误。鉴于上文初步介绍的《圣经》和史诗两大文化背景，对于风的想象的历史源头的史诗，我们大体上可以将其分为两类。第一类是受《圣经》传统影响的史诗。我们将选择16世纪诗人纪尧姆·迪·巴尔塔斯（Guillaume Du Bartas）的作品，17世纪约翰·弥尔顿的作品和18世纪弗里德里希·戈特利布·克洛卜施托克（Friedrich Gottlieb Klopstock）的诗作介绍。第二类史诗则受到了希腊罗马神话的影响，我们可以把塔索的《被解放的耶路撒冷》（La Jérusalem délivrée）、皮埃尔·德·龙沙的《法兰西亚德》（La Franciade）和卡蒙斯的《卢济塔尼亚人之歌》归入此类，尽管最后一部作品中也体现了天主教传教士的思想。

巴尔塔斯的作品《创世周》（La Sepmaine），创作于16世纪末，以史诗的形式讲述了《旧约》中《创世纪》的故事，并重点描绘了伊甸园。这部今天几乎已经被人遗忘的作品，在当时曾经十分重要。

弗里德里希·戈特利布·克洛卜施托克

塔索

与我们的研究相关的是，巴尔塔斯描绘的伊甸园中的风。他用了漫长的一章来讲述创世第二天的经过，也就是天气现象的产生。他讲述了风的出现，称之为"风元素"。在他看来，有两个基本元素层："空气层和火层"[85]，但《圣经》中从未提到空气层的存在。为化解这一尴尬，巴尔塔斯指出空气层实际上是一个中间区域，一个过渡空间——"由受到扰动的空气形成的区层"，因此呈现不稳定的特征；他认为风就在这个空间产生，并把空气层称为"风的仓库"。

在他看来，这是一个充满"动荡和战斗"的区域，象征了"基督教面临的充满未知和危险的旅程"。而在有关风的部分，在充分研究了它们"呼啸而过"的效果之后，他区分出了四种天气、四种脾性、四种元素、四个时代。他解释了其中两点：第一种风对世上的生命产生最直接的影响、带来最多益处；他的解释为启蒙时代的理论奠定了基础——"风会净化瘴气，催熟水果，鼓起风帆、推动风车"。但它们也会带来有害的影响，例如降下冰雹，"令这世界流露出脆弱的迹象，是人类厄运的象征或预兆"。

而第二类，则是形迹品性多变的空气现象，巴尔塔斯把暴风雨、彗星都归于此类。这类风都离天堂很近，因此可以被视为神昭、启示，尤其是代表了神的怒气。总之，在巴尔塔斯看来，风处于大地和天空之间的中间位置，是科学无法参透的。[86]

从传播范围和受欢迎程度来看，现代最伟大的史诗必然少不了弥尔顿的《失乐园》。在这部作品中，我们也能找到风的踪迹，只不过这一次与它在希腊罗马诗歌中扮演的传统角色有所不同；在这里，它有着双重面孔：在原罪发生之前，它是伊甸园中的甜蜜微风，在惩罚出现时，它是可怕的暴力。

亚当将深受噩梦折磨的夏娃唤醒，"用一种温柔的声音，就像西风泽费罗斯吹过花神弗洛拉一样（这里引用了基督教史诗中的古代神话），亚当轻抚着夏娃的手，低声说：'醒醒吧，我的美人儿'"。[87] 过了一会儿，亚当和夏娃向造物主唱起了赞美诗，并邀请大地来一同表示对他的赞美，"哦，从大地的四面吹来的风，轻柔或有力地叹息吧！低下你们的头……"，天空中，在上帝四周"围绕着圣幕，天使们在清新的微风中打盹"。[88] 在这个清晨，亚当和夏娃"享受着这美好的一刻，被最甜美的香气和最柔和的微风环绕着"。

而偷吃禁果之后，伊甸园的天堂之风发生了根本性的变化：大地饱受狂风蹂躏，狂暴的风显示着上帝的怒火。

"现在，从诺鲁姆贝卡和萨摩耶德海岸的北部，形成了一道铜墙铁幕，冰雪交加、冰雹、风暴和龙卷风逐个登场，北风玻瑞阿斯、东北风科西亚斯（Coecias），与吵闹的西北风阿尔瑞斯特（Argeste）和特雷西阿斯（Thracias）一道，撕裂森林，翻江倒海；它们又与南方吹来的风，与诺托斯和来自非洲的阿费

查尔斯·约瑟夫·纳托尔（Charles Joseph Natoire），《上帝责备亚当和夏娃》，1740

约翰·辛格尔顿·科普利（John Singleton Copley），《海神尼普顿的归来》，1754

尔（Afer）正面相遇，带着来自塞拉利昂的雷声滚滚的乌云。
而穿行其间的，还有来自东方和西方的风，它们同样急速而
猛烈：欧罗斯、泽费罗斯，还有它们吵闹的旁系亲属西罗克
（Siroc，东南风）和利贝吉奥（Libecchio，西南风）。就这样
以暴力袭向那些无生命的物体"。[89] 接下来，动物也开始"攻
击动物，鸟儿攻击鸟儿，鱼攻击鱼"，随后"所有有生命的动
物都开始相互撕咬吞食，对人也不再有敬畏……"此前天堂般
的和谐共处其乐融融完全消失不见，由暴风引领的邪恶赢得了
全面胜利。弥尔顿描述的"恒星风暴"伴随着"蒸汽和雾"，
还喷射出"灼热的气流，散播着腐烂和恶臭"。[90]

我刚刚引用的这一长段精彩叙述，将各个方向来风的详细信息
作为叙述重点，在细节上完全符合地理知识——这一点也有些
令人诧异，毕竟文中描述的是天堂中发生的事件。不管是涉及
惩罚的内容、邪恶的胜利还是引发的大地毁灭，都是原罪带来
的恶果。风的暴力是对大地上即将爆发的普遍浩劫的预兆；而
弥尔顿以其天才的讲述技巧，从一开始就强调了动物之间的厮
杀和鱼的相互吞食。

克洛卜施托克的《救世主》（*la Messiade*）写于 1748 年至 1777
年之间 [91]，这部著作在文学领域的影响力与同时代的让－塞巴
斯蒂安·巴赫的《受难曲》（*Passions*）在音乐领域的成就相
当。这部史诗获得了巨大的成功，尤其是在德国，直到 20 世
纪中期，依然是语文教学的重要内容。如今这本书在当代视野

中已经完全消失了，以至于最好的出版商都不知道它的存在。
不过，在我看来，在本书提到的所有史诗中，它仍然是最引人
注目的。这是一本从头到尾都令人钦佩的书，讲述了耶稣的受
难，以及随后在天堂和地狱引发的骚动等反应；叙事的力量在
对来自天堂和地狱的队伍以及耶路撒冷发生事件的描述中展现
出来。

当然，上帝在远处注视着正在徐徐拉开的宏大场景。必要时，
他会向撒旦施威，再次把惩罚之风吹到地狱的边缘。上帝召唤
的暴风雨倾泻而下，令地狱的周边发出恶臭，让恶魔彼列的所
有努力化为泡影，彼列曾千方百计想要把燃烧着熊熊火焰的深
渊变成另一个人间天堂，让西风吹过，为那里带去清凉。[92]

彼列梦想着"赋予这些令人厌恶的地方一种明亮的形式，就像
借造物主之手赋予他所有作品的那样""而当他看到这些田野
被可怕的黑暗覆盖，不由得发出了绝望的怒吼"。正是这种天
堂与地狱的残酷对抗，令克洛卜施托克的史诗蕴藏了惊人的
力量。

在这些不同的史诗中，人们会注意到，不管它们是受到《圣经》
还是古代神话的启发，风，无论多么可怕，都只是上帝或众神
手中的工具。是他们释放了风的毁灭性力量。我们从未见到
它们自由表达自己、自由地战斗。然而，正是在这一前提下，
让-巴蒂斯特·格兰维尔（Jean-Baptiste Grainville），这位启蒙

思想家忠实的拥护者，在史诗《最后的人》[93]中，让关于风的想象进入了对世界末日的冥想。

格兰维尔于 1805 年去世，在世时影响甚微，尽管他作品的独创性曾经颇受玛丽·雪莱（Mary Shelley）的推崇。为了更好地揭示他在对风的想象历史中的重要性，让我们来听他讲述一段风的战争，在他的笔下，风最终获得了独立，不再受神的支配：

> 昨天，一场猛烈的风暴在我们的海岸肆虐，它带来的恐怖气氛一直延续到此刻。我相信，所有的风都被释放了出来[这里依然体现了对风的传统认识，风通常是被封闭的、被束缚的]，彼此互相争斗，把我们的天空作为它们的战场；他们出乎意料地从地平线上的各个方向赶来，汇聚在这里。这意外一击是如此的猛烈，以至于那些深深扎根于地狱的大树都被风刮倒，从坚实大地上崛起的群山也大受撼动。这边厢北风阿基隆击退了怒号的西南风奥坦，那边厢奥坦又气势汹汹地反扑，像海浪一样把对手高高举起，占领了空中的阵地。有时，所有的风都搅打在一起，碰撞、翻转、上升、旋转着逃逸、悬伺在山顶、在山谷上方徘徊许久，然后带着尖锐的呼啸声俯冲下去。

当这场风暴逐渐平息，鸟儿也出现了。[94]

塔索的《被解放的耶路撒冷》则是一部基督教史诗，讲述的
是第一次"十字军东征"的历史，但我们从中可以看到古代
神话的显著影响，尤其是其中提到了希腊神话中的四风：玻
瑞阿斯、泽费罗斯、诺托斯和欧罗斯。是它们决定了文本中
与地理位置相关的所有细节；它们也保留了古代神话赋予它
们的许多特征。下面几个例子就足以说明这一点。

玻瑞阿斯在书中有四次被称为北风；它的行动起着决定性作
用。由"叛军"阿拉丁占据的耶路撒冷三面都不可攻破。"只
有在玻瑞阿斯的方向（北面），它的防御才不那么牢固"，更准
确地说，是"在玻瑞阿斯向西北倾斜的那一边"。风在布永的
戈弗雷（Godefroi de Bouillon）领导的攻城战中起着决定性的
作用。戈弗雷先是按兵不动，

> 突然一阵风吹起
> 将（由敌人点燃的）火引向始作俑者。
> 阵风让火势倒转；而且烧向低处
> 异教徒扎下的帐篷，火舌
> 立即吞噬了柔软的材料
> 将帷幕烧成灰烬。[95]

接下来是一首歌颂戈弗雷荣耀的歌：

> 上天与你并肩战斗；温顺的风

在你号声召唤下聚拢而来。[96]

这里明确地赞美了风的决定性作用，正如《圣经》中强调的那样，风是上帝手中的重要工具。不过，玻瑞阿斯并不是孤军作战。此前不久，泽费罗斯作为西风的代表，也助了虔诚的戈弗雷一臂之力。当时"天空看起来像一个黑色的火炉"，而"泽费罗斯在它的洞穴里沉默""没有一丝凉风"的踪迹，只有"一阵从摩尔沙漠吹来的风，令人痛苦和窒息"，一阵绝望之情笼罩着"十字军"队伍。戈弗雷向永恒之父祈祷，永恒之父因此降下了惊雷和暴雨。

在这首诗中，阿基隆和玻瑞阿斯一样，也是北风，阿弗里修斯（Africus）是南风，欧罗斯是热风。塔索借用了一套古老的陆地风的名称。海上的风也是如此。当掀起风暴的诺托斯最终归于平静，"一股温和的微风吹过海上，抚平浪涛，大海那美丽的蓝色胸膛几乎没有泛起一丝波纹"。[97]

古代经典，尤其是维吉尔的《埃涅阿斯记》的影响力，在龙沙的《法兰西亚德》中比《被解放的耶路撒冷》要明显得多。这部史诗于1572年出版，歌颂了特洛伊英雄赫克托耳的儿子弗兰修斯建立法兰西民族的历史，就像埃涅阿斯建立罗马一样。此外，在这部史诗中还可以看到荷马史诗的影响，以及武功歌和文艺复兴时期著名的意大利诗人阿里奥斯托（Arioste）的影响。

如果长篇累牍地引用那些描述风暴和风的叙述，似乎有些乏味。所以我们将致力于揭示这部史诗中维吉尔的影响以及风在其中扮演的角色，如何体现出古代诗歌的风格。事实上，弗兰修斯的旅程是一场穿插着一系列风暴的奥德赛，相当于把《埃涅阿斯记》中众神的愤怒做了转移。维吉尔在史诗中写道，海神尼普顿在山坡上挖了一个洞，把风释放了出来，于是就有了诺托斯、阿弗里修斯和阿基隆的陆续登场。

《法兰西亚德》中描述的场景与此有些许不同：尼普顿表达了对伊利翁（Ilion，即特洛伊城）的憎恨。因此他顺理成章地希望用海洋的力量实施报复。他借用了海洋战车，四周环绕着水神那伊阿德斯，并召唤了风。这个整个史诗第二章的关键角色。一开场，尼普顿就首先向它们道歉：

（他对他们说）风，天空和大地的恐怖之力，
不是我把你们囚禁
在那岩石中，任恐惧滋生，
在国王的统治下，你们因饱受束缚而日渐憔悴：
只有朱庇特在我的反对之下依然这样做：
而我无法反抗他的权威，
因为他是不可战胜的主神。

这一次，尼普顿听到埃俄罗斯释放了诸风，"四个一起"，以履行曾经对他许下的誓言。

阿尔布雷特－丢勒（Albrecht Durer），《控制风的四个天使》，1498

约翰·弗雷德里克·肯塞特（JohnFrederickKensett），《穿越暴风雨》，1872

他用权杖开了一个洞

打开了风被囚禁的黑暗的洞穴：

它们被释放出来，带着巨大的风声

携带着闪电、风暴和夜晚，

用龙卷风掀起愤怒的海洋

而这些特洛伊人顿时被暴风雨淹没了。[98]

接下来就发生了那场可怕的风暴，导致特洛伊人（弗兰修斯的人民）被淹没；龙沙用极其详尽的细节描述风的运作。他也再次提醒人们，是朱庇特下令让埃俄罗斯把风囚禁起来。这里指的就是四种古老的风。是它们散布了毁灭和灾难的种子。它们的愤怒——在这里是尼普顿的愤怒——具有可怕的力量。大海，在它的怒气之下，也欣然服从。是风推动着这场游戏，它们无限的声量是对各种元素的操控。

当风吹到了海上，

令海面翻腾滚起泡沫，

把大海搅了个底朝天：

一场纠缠不休肆意妄为的暴风雨

嘶嘶作响、沸腾着、咆哮着、呼号而起

大风催撼下涌起的波峰

摇来晃去，一波接一波，

水面撕扯开一道无尽的深渊。

一边膨胀上升而化为泡沫微尘，

一边坠入地狱沉入无底深渊。

这一切都发生在一个"可怕的夜晚"无尽的黑暗中，水手们看不到大海，只有一连串的闪电照亮云层。

弗兰修斯向朱庇特祈祷。但"狂风掀起的风暴"，让小船几乎"解体"，猛力摇晃，力尽气竭……在这场持续了三天的风暴之后，特洛伊人搁浅在普罗旺斯的沙滩上。在《法兰西亚德》中，风的作用是至关重要的：它们不停旋转，顺势在水面上划出一道道"潮湿的沟槽"，并"鞭笞"和"追逐"着特洛伊人。

风至关重要的作用在卡蒙斯的《卢济塔尼亚人之歌》（1569）中得到了延续。这部经典史诗作品歌颂了葡萄牙人的宏伟历史：是他们两次路经开普敦，历经艰险一路航行到印度，同时也把上帝的神谕传播到那里（这本是他们航海的重要目标，但诗文中并没有过多涉及）。这次航行，就像现代时期所有其他航海旅行一样，航线的操控掌握在风的手中，且不止如此。

在这部浩瀚的史诗中，评论家们读到了天空、风和风暴的冷酷无情，这些都是紧密相连的。葡萄牙人知道如何"勇敢地面对风神之子的愤怒"，开辟未知的航线。总之，毫无疑问：是风，站在那些航海家及其航行计划的对立面，在众多章节中它们都与狡诈凶残的人物联系在一起。尽管作者明确表示了自己的天主教信仰，在这部作品中，还是古代神话中的神和诸风主导了游戏。

葡萄牙创始英雄卢索斯的孩子们最大的敌人，是生活在奥林匹斯山上的酒神巴克斯；后者认为自己才是印度的伟大征服者。简单地说，他就是葡萄牙人想要推翻的敌人。而维纳斯，则是他们的辩护者。众神之争令奥林匹斯山为之撼动。因此，"当愤怒的奥斯特（Auster）或狂暴的玻瑞阿斯冲进一片古老的森林，山在呻吟，树木折断，落叶在空中飞舞，一阵低沉的噪声持续不断地低语：所有山峰似乎都在喧腾"。[99]正如我们所看到的，卡蒙斯在谈到奥林匹斯山之战时，并没有忘记风在大地上引起的风暴。

他也没有忘记风的主人。当它们平静下来，他写道，它们"在极深处的监牢里沉睡"。我们眼前展开了一个强有力的画面：风被捆绑束缚着，困在岩壁之下深深的洞穴里，或是被装在羊皮袋里。海上的战争——比如第一章里反抗摩尔人进攻的战斗——将巴克斯和维纳斯树立为敌对双方。

"卢索斯的帆曾见识过千变万化的气流"，而这一次，他遭遇了一场龙卷风——卡蒙斯在1559年前后写下了这些诗篇，而龙卷风这种天气现象，虽然老普林尼曾描述过它的存在，但直到18世纪才由詹姆斯·库克正式提出。对于21世纪的读者来说，我们只能惊异于卡蒙斯对这一现象作出的精彩描述，因为直到今天，很多人对于这种天气现象的了解都仅仅来自电视画面。这就是为什么我忍不住要引用卡蒙斯的一大段描述,在他生活的年代,人们对这种空气现象,或者说,这种"空气物质",还完全无法解释。

我看见了……不,我的眼睛一点儿也没有欺骗我,这一次我和大家一样恐惧:我看到一团厚厚的云正在我们的上方形成,并且通过一个大管子吸走了海洋深处的波浪。

这管子,在它刚刚形成的时候,只是被风聚拢起来的轻微的蒸汽,漂浮在水面上。很快,它就像一个巨大的旋转轴,下端紧连着水面,不断拉长,就像一根长管子一直伸向天空,像柔软的金属在工人的手中变圆变长。这种轻盈的物质暂时逃脱了我们的视线;但当它吸收了海上的波浪,就会膨胀起来,超出了船上的桅杆。它随着波浪的起伏而摆动;一片乌云在它的顶端,它广阔的侧翼不断吸上来海水。我们似乎看到贪婪的水蛭粘在一只正在清澈泉边解渴的动物的嘴唇上。它被强烈的渴望灼烧着,为受害者的鲜血所陶醉,不断地膨胀、延展、再膨胀。随着这根水柱的不断膨胀,它巨大的柱顶云团也不断延展扩大。

突然间,不断吞食的龙卷风团与海浪分离开来,以倾盆大雨的形式回落到海面上。它把取之于波浪的又还回波浪;但这水变得更纯净,没有了盐的味道。伟大的自然诠释者,请告诉我们是什么造成了这一雄伟壮观的景象?

至于风暴精灵，这个矗立在好望角的"可怕的巨人"，卡蒙斯认为他是神话中最后一个被众神打败的巨人。在《卢济塔尼亚人之歌》中，航海者来到了非洲大陆的尽头，眺望南极，不禁自豪于自己对风的驾驭。

葡萄牙人的船队绕过好望角，继续向印度航行，有时被诺托斯和它的愤怒所困扰，有时又被"泽费罗斯温柔的呼吸"所救助。卡蒙斯继续回到对古代神话的讲述中，在第六章，他稍作停顿，用了很长的篇幅详细描述了尼普顿、他的宫殿、围绕着他的随从，以及他对四种风的驱使。为了保护葡萄牙人，他下令"狂暴的风神埃俄罗斯打开风的监牢"，并在下面用了整整一页来描述它们的行动；这也证实了风在文艺复兴时期史诗中持续发挥着重要作用。在它们发动风暴的同时，卢索斯的孩子们所乘的舰队，"在西风的护卫下，平静地在蓝色的大海上破浪前行"。

巴克斯并没有气馁，这一次由他对风施以号令。"尖锐的哨音"在缆绳间回响。看到这一切，维纳斯派出了水中仙子，"一见到她们，风神之子的怒气立刻就平息了"。"玻瑞阿斯，狂躁冲动的玻瑞阿斯，他的眼中除了欧希蒂再也看不到别的、再也听不见别的。诺托斯，看到自己爱慕已久的伽拉忒亚，只剩下心满意足，而愤怒的奥坦则被其他的仙子卸除了武装。"最终我们确信，维纳斯会庇护风神之子的爱人，而他们也会在剩下的旅途中尊重得到女神垂爱的葡萄牙人。这里对古代神话的沿用，让巴克斯、维纳斯、尼普顿和埃俄罗斯在一段基督教史诗中的登场，一定会让人感到惊讶。不过它证实了我们的研究对象的重要性：命运，风的作用，风的个性。这种对古典延续的方式，可能看起来不同寻常，但可以用 16 世纪《埃涅阿斯记》的传播以及卡蒙斯的读者和卡蒙斯本人对这部著作的钦佩作为解释。

到达印度后，更确切地说，到达卡里克特以后，"风停了：只有泽费罗斯轻轻地推动着空气"。大气的氛围象征着这次旅行的成功。这场胜利在"西风甜美的气息"下继续着，它唤醒了花朵，热情护送那些前往特提斯宫（海）的仙子们，而远征军的首领伽马也殷勤作陪。这就让我们理解了为什么 18 世纪拉阿尔普（La Harpe）非常欣慰于查禁和驱逐异教神行动的成功，因为在他看来，史诗必须以基督教的胜利和奠定统治告终。

第七章

# 奥西恩和汤姆逊：启蒙时代 对风的想象

18 世纪末，出现了两部虽然严格意义上来讲并
不是史诗，但也可以归入此类的重要作品，
它们极大地影响了人们对自然的描绘：第一
部是奥西恩（Ossian）的诗歌，最早出版
于 1760 年，又在 1772 年经整理以《残篇》
（*Fragments*）再次出版。而詹姆斯·汤姆
逊的《四季》更是不乏效仿之作，早在 1764
年，法国就出现了让·弗朗索瓦·德·圣 – 朗
贝尔（Jean-François de Saint-Lambert）对它的致
敬之作。

奥西恩的诗，被苏格兰诗人麦克弗森（Macpherson）宣
称为自己曾经偶遇的一位吟游诗人的作品，这无疑是错
的；据传这一系列诗歌的灵感来自爱尔兰和苏格兰地
区的古代文学。这部作品反映了这一时代所经历的

尼古拉·阿比嘉（Nicolai Abildgaard），《吟唱的奥西恩》，1787

詹姆斯·汤姆逊

邪恶的根源，以其特有的方式重塑了人们对风的想象。德国浪漫主义也曾被强烈地"奥西恩化"。赫尔德（Herder）就曾向歌德表达了他对3世纪的所谓喀里多尼亚（即苏格兰）吟游诗人作品的钦佩之情。席勒也非常推崇这些诗歌，据说克洛卜施托克临死之前还让人在床前为他诵读奥西恩。几乎所有伟大的德国作曲家——舒伯特、门德尔松、勃拉姆斯，都为奥西恩谱下旋律；它与卡斯帕·大卫·弗里德里希（Caspar David Friedrich）画作的高度契合也被人反复提及。英国黑色小说的作者大量借鉴了奥西恩，布莱克、柯勒律治、拜伦和后来的勃朗特姐妹都受到了这股奥西恩潮流的影响。

而法国就更不用说了！帝国的艺术家们，包括皇帝本人，都非常崇拜奥西恩，把他比作荷马。直到今天，艺术迷们应该们还记得吉罗（Girodet）代笔下的奥西恩英雄形象。根据伊冯·勒·斯坎夫（Yvon Le Scanff）的观点[100]，在18世纪末到19世纪上半叶所有伟大作家的作品中，经常会出现恐怖之所（*locus horridus*），与作为理想之地的宜人之所（*locus amoenus*）的对立，

以及对荒凉混乱的自然风景的描写——通常
也就是狂风肆虐之地。狄德罗就曾经翻译过
詹姆斯·麦克弗森引用（或者说创作）的那些
片段，其实麦克弗森才是这些诗歌真正的作者。哥
特式小说中的风所蕴藏的黑暗能量此后广为传播。斯
塔尔夫人指出了奥西恩与荷马之间的共同点，他们都有
着敏锐的感受力，都从"吹过野生欧石楠树丛的风声中
感到欣慰"。她指出，长期以来喀里多尼亚（苏格兰）
当地的风光都是崇高风景的原型。

阿尔丰斯·德·拉马丁（Alphonse de Lamartine）
提到奥西恩时，说他是"海浪的诗人，擅长
描写北方的大海那从未出口的抱怨"。[101] 夏
多布里昂在自己的六部作品中都引用了奥
西恩的诗，并在《基督教真谛》（*Génie du
christianisme*）中一首著名的哥特式赞美诗中
写道：

……在阴云密布的天空下，在狂风和暴雨中，在奥西
恩曾经高声歌颂风暴的大海边……坐在破碎的祭坛上，
在奥克尼群岛，旅行者惊讶于这些风景的悲伤……风吹
过废墟，它们之前经历的无数日子都变成了管道，让
它们的怨声从中逃逸。[102]

居斯蒂纳（Custine）和塞南谷（Senancour）认同伊冯·勒·斯坎夫这句著名的评论，"奥西恩笔下的风景展现了一个世纪的痛苦""崇高的忧郁"、在观照自然时感到的"悲伤的重负"[103]，它们也同样让阿尔弗雷·德·维尼（Alfred de Vigny）心绪沉重，因此引用了麦克弗森出版的《残篇》中的一段："站起来，秋天的风，站起来吧；吹动那黑暗中的欧石楠吧！"

斯坎夫写道，奥西恩主义的出现"就像野蛮的重生"。他补充道："奥西恩主义的崇高被视为原始自然的表达，是对艺术和文化技巧的遗弃，因为后者会削弱表达的原初热情、力量和简洁性。"自然的矛盾和无序、风暴的崇高、"那足以碾碎肉体与心灵的可怕力量"都是奥西恩主义的体现。[104]

在我们看来，奥西恩式的风暴一定是发生在海上。然而，事实并非如此。在麦克弗森出版的诗集中，风首先是以一阵微风的形式，自北方吹来，来自那"风的山脉""风的山坡"，它穿过旷野，袭向欧石楠丛和花田，然后一直吹到海边的岩石，那里埋葬着在战斗中死去的英雄，年轻的姑娘为他们，也为了那些未能达成的婚约洒下泪水。的确，在这个地方，风遇到了流泪的未婚妻，用悲凄的声音应和着女人的哭诉和眼泪。

在奥西恩的诗里，风总在黑暗的气氛中甚至在夜里吹着，它与死亡联系在一起：与遥远过去的英雄们的死亡联系在一起，例如芬格尔，或者奥西恩本人，他们的鬼魂继续萦绕在老一辈的

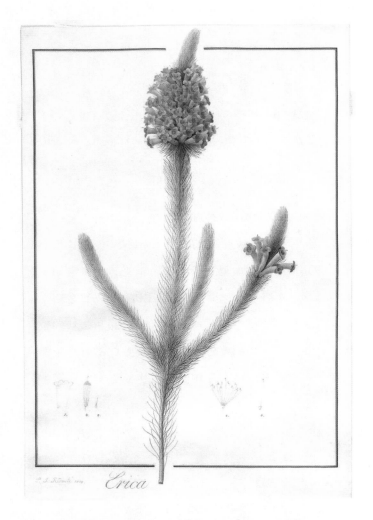

皮埃尔·约瑟夫·雷杜德（Pierre Joseph Redouté），《欧石楠》，1813

记忆中；也不要忘记最近被枪杀的英雄们，他们的消失让多少姑娘洒下泪水——甚至自杀。

奥西恩之风显示了现实残暴的力量，直接呈现死亡，而怨诉——诗中不可或缺的元素——则与行动密不可分。英雄们呼号着，野兽般互相厮杀，然后像被砍伐的橡树一样倒下，而女英雄们则如同天上的仙子般出现。

让我们再回到风本身：作者，就像那些英雄和女英雄一样，多次召唤它们，令它们驱走遮蔽风景的面纱——云——无论那面纱背后是山还是海。但有时暴风雨会自行消退，让夜空明亮的星星出现，就像《塞尔玛之歌》（*Chants de Selma*）里写的那样。有时风会受到扑倒在坟墓前的女人的抱怨和眼泪的召唤。在秋天和冬天，它横扫而过，只留下荒芜的旷野。带着尖锐的声音袭向欧石楠树丛和草地；草木也随之发出呜咽之声。

风的出现首先是听觉上的，嘈杂的，而人——更多的是女人——求助于风来传递信息。另一方面，风会唤回人们对逝去英雄的记忆，唤起一些隐约的回忆和精确的细节。而西风泽费罗斯，它不像北风那样被频繁提及，它的出现通常是为了烘托女性的纤柔嗓音或赞扬少女的美丽。

我们可以读到这样的片段："夜晚在山上洒下灰色的阴影；北

西蒙·丹尼斯 (Simon Denis),《云——遥远的风暴》, 1786—1806

风在树林中回响；白云升上高空，雪花飘落地面……白发的卡里尔悲伤地坐在一块空心岩石旁。"在咆哮的风中，他发出悲怆之声："马尔科姆不再是那个曾经给群岛带来希望的人了，那个穷人的支持者、所有傲慢自大的战士的敌人。""他不在了……躺在某一块岩石脚下……噢，风啊，你为什么把要把他带去那沙漠岩石上？"[105]

在《残篇》第七段中，老迈的奥西恩说："我再也听不到你讲话了，哦，芬格尔……我能听到穿林的风声，却再也听不到朋友们说的话了。"[106]

一位年轻女子渴望听到她的爱人沙尔加的声音，于是宣告："我独自一人被遗弃在风之山坡。风在山上呼啸而过。激流在岩石下呻吟。"她找到了沙尔加和他的兄弟，他们已了无生息。她对他们说："哦，你们这些人！死者的影子！快从那岩石的顶端、从那风之山巅发话下来……你们将去哪里安眠？我能在哪个山洞里找到你？但风没有给我任何回答……"

"当夜幕降临在山坡上，当风吹过欧石楠树丛，我的影子将随着那风飘向四处，为逝去的朋友们悲号。"[107]

在第十二章，我们读到，瑞诺问阿尔班："你为何发出哀怨的声音，如同那吹过林间的风声？"

阿尔班回答说："从现在起，莫埃尔就长眠于坟墓了"，话音未落，"一阵风呼啸着吹过草地，草茎在风中瑟瑟颤抖"。[108]

在《残篇》第十三章，迪奥娜受到了警告："让你的头发随风飘动；在掠过山间的阵风中叹息……"最后，"噢，吹动吧，呼啸山间的风，为穆尔宁的陷落而叹息"[109]；召唤风参与哀悼，这是奥西恩诗歌的主旋律（*leitmotiv*）。

现在我们应该讨论詹姆斯·汤姆逊了。大多数批评家在评论汤姆逊的《四季》时，只把溢美之词献给冬天；[110] 他们错了。话虽如此，现在让我们把注意力集中在这个季节上，这段作品久为传颂，脍炙人口，被认为对景观文学产生了巨大的影响。汤姆逊指出，通常在冬天肆虐的寒风是从北方吹来、饱含愤怒的风；当他开始描述一年中的最后一个季节时，他首先谈到了风，期望它掀起风暴。与此同时，他也自问：那么，风究竟诞生于哪个遥远的地方呢？

> 风啊，你现在开始吹吧
> 横扫一切，我需要用尽全力呐喊才能让我的声音
> 达到你的这充满力量的存在
> 你们的弹药在哪里补给？
> 你的军火库位于何方？告诉我，在哪里
> 酝酿着风暴，等待着你的号令？
> 当你离开大地，归于天空，

当宇宙恢复宁静，

你又会沉睡在哪个遥远、孤独的地方？ [111]

很明显，受到汤姆逊的支持者们大力推崇赞颂的风暴，只不过
是听命于风的仆从。风暴的起源也是风的悄然退隐。它通常在
夜间形成，仿佛被夜行的恶魔推动着。我们通过它的叫喊和叹
息发现它的存在，然后就是它的全面爆发。汤姆逊对此做了极
为简洁的描述：

一切都只剩喧嚣，恐怖的

灾难……

而大自然终于摇摇欲坠，陷入绝境 [112]

直到神下令，一切才归于平静。

但这不过是另一场灾难的开始，这次始作俑者是寒风，而不是
风暴：

一股刚从囚笼里解放出来的寒风，

带着在寒冬武装下的愤怒，

突然袭来，紧紧抓住波浪，

蕴着怒气锁住波澜

这里指的是封冻结冰。汤姆逊随后又提到了拉普人，他们生活

的地方：

> 是严冬的官殿：可怕而嘈杂的地方，
> 恐怖的风暴穿堂咆哮。
> 暴君在那里准备（严冬的）袭击，
> 用刺骨的霜冻武装妒意高涨的风，
> 用它的怒气来打磨坚硬冰雹的形状
> 让雪顷刻蹂躏整个半球。[113]

最有趣的地方，或许是，冬天和其他季节一样，只是对造物主的命令、情感和意图的遵从。汤姆逊的作品被归于描述性诗歌之列，在对自然情感的抒发中，以一首对神的赞美诗结束：

> 噢，父啊，全能的，永恒的，至高的存在，
> 季节的循环是你的形象的体现……

"春天之美是你的美的证明……你的荣耀全面迸发，在夏天达到极盛……"而在秋天，西风泽费罗斯会成为神的代表。

然后，一个古代神话中非常熟悉的场景出现了：

> 你乘着风的翅膀上升，停在半空；
> 从那里，你俯视着跪在你脚下的宇宙，
> 随从的阿基隆已蓄势待发，你终于释放你的怒火！[114]

在对上帝形象的细致描述中，汤姆逊接着指出了某些风的作用，他写道：

> 你们这些在黎明时诞生的微风，
>
> 当日光远去，你们化为温柔的低语，
>
> 让我们感受到你纯净的呼吸！
>
> 噢！在深林中，告诉我们关于他（上帝）的消息！[115]

最后，作者对"骄傲的奥坦"说：

> 我们只能远远地听着你，噢，可怕的奥坦，
>
> 在你的猛烈劲吹下一切都在颤抖，
>
> 来打破沉默，向我们揭示
>
> 是谁赋予你如此强大的力量……[116]

诗句中的描述清晰，背后的寓意也十分明了：四季是上帝各种形象的展现；是风，而不是大海，服从着神的调遣，时而表达它的平静，时而表达它的愤怒，时而表达统治人间的天堂气氛。接下来，我们要以插曲的形式专门来考察西风泽费罗斯。

第八章

# 甜美的微风和温柔的西风

詹姆斯·汤姆逊的《四季》在文学史上只留下了《冬天》
这一笔重彩。但就我们的研究而言,《春天》和《秋
天》同样重要,而且从某种程度来说,它们更
为罕见。事实上,它们强调了在这两个季节
中,甜美的东风和温柔的西风的重要性,这
与植物生长的节奏和大自然的乐趣相协调。
在这一点上,汤姆逊借鉴了古代田园诗的风
格,尤其是亚历山大时代的希腊诗人忒奥克
里托斯(Théocrite)的田园诗,他的田园牧歌
对后世影响巨大。

正如我们在史诗中读到的,西风泽费罗斯很少具有威
胁性;因此,它的形象是有反差的。除此之外,它总是
轻轻拂过,缓缓带来清凉;它代表了各种可能形式的隐
秘的欢愉,风中透露着柔美的颤抖,风中激荡着昭然
的情欲和恋人的相逢。

这些都已经在巴洛克诗歌中得到了淋漓尽致的表达，维洛尼卡·亚当（Véronique Adam）[117]对此做了充分阐述。在她看来，在这首诗中，风找到了自己的声音，并且在必要时，成为爱人的化身。它可以贴近心爱的女子而不引起她的反抗，轻而易举地令她沉入春梦。此外，它转瞬即逝的特性，也体现了女人善变的一面，因为它本质上也是变化无常的。

女人的身体永远不会拒绝风的抚慰，这无疑会让情人欲火难耐。显然，她愉快地接受这样的抚摸：它抚过她的双眼，她的秀发，她的娇唇；总之，那为爱人带来无限诱惑的所在。西风，尤其在春天，是属于恋人的风；有时，它似乎与饱受折磨的爱人心灵相通，将他们的哀诉播撒开去。1595 年，克劳德·德·特雷隆（Claude de Trellon）感叹道：

风，你是多么的幸运，想吻时就吻上，
我美丽战士的嘴唇和眼睛！
为什么我不是风，我那被囚禁的灵魂
很快就会打破牢笼，挣脱束缚和所有
誓愿！

几年后，艾蒂安·杜朗（Étienne Durand）
也同样叹息着：

有时我真想成为风，
去拨弄乌拉妮的头发……[118]

绘画，和文学一样，也歌颂着泽费罗斯和弗洛拉的爱情；
风就像一个声音，同时传颂着大自然的气息和女性之
美。这就是波提切利在他的名画《春》中着意表达
的。总之，西风是具有气味、触感和视觉形象的
存在。

雷吉娜·德当贝尔（Régine Detambel）在她
的《皮肤赞词》（*Petit éloge de pa peau*）中
准确地分析了转瞬即逝的风给皮肤带来的影
响。风会带来轻痒，她写道，"那一小块皮肤
就足以令人发疯"。她展示了风的爱抚形式的多样
性，"轻触""摩擦"，并提醒人们，女人更喜欢被触
摸而不是凝视。"在爱抚之下，皮肤会呼吸、悸动；皮
肤不断地进入又脱离自我。""在爱抚中，没有什么是对
立的。皮肤完全卸下了抵抗。""在爱抚中，瞬间永远不
会结束。"是什么让雷吉娜·德当贝尔与我们的主题
产生了联系呢——"必须激发她对风的想象；爱抚
是有着风的颜色、风的味道、风的共鸣的。一种

波提切利,《春》,画面最右侧的就是泽费罗斯,1482

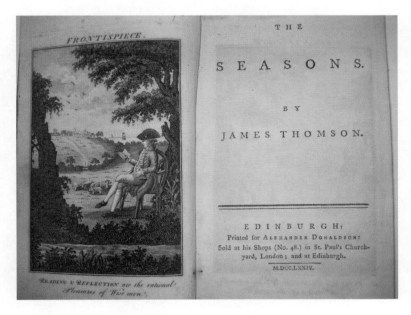

詹姆斯·汤姆逊《四季》

无形却并不晦暗之物，游移在感性的边缘"。[119]

让我们回到詹姆斯·汤姆逊对春天和秋天的西风的描写。在《四季》中，西风是和谐的见证，空气中没有一丝怒火：

> 天空平静地照耀着：钟爱的微风
> 在空气中挥动着芬芳的翅膀……[120]

西风以自己的方式重现了人间天堂的和谐，在这里

> 空气是纯净的；一种甜蜜的宁静，令人陶醉，
> 永远统治着天空；
> 如果这不是西风，永远忠实的主人，
> 沉醉在天蓝色之中轻轻地摇摆着翅膀……

汤姆逊认为自己擅长对微妙情感的捕捉。他希望他的诗携带着

> 从这微弱的香气和这些**微风的魔力**中，
> 释放出无穷的微妙、芬芳的思想，
> 它们在以太中循环，永无止境……

西风释放出香气……

> 一股清新的风将我们托起，

它穿透我们的灵魂，愉悦我们所有的感官……

西风与阵风的区别在于，后者在粗暴吹袭中丧失了所有微妙、精致、引人入胜的魅力。在别处，詹姆斯·汤姆逊还曾为五月的微风写下一首赞美诗：

当它满载着芬芳，轻轻触碰、抚摸着
意乱情迷的牧羊女，在那被压倒的花丛中
头偏向一边，长久地受着爱的折磨……

这时，爱人出现了……可见作者也并没有摆脱上文我们看到的巴洛克诗人的刻板传统。

夏天，在清晨，可以感觉到"顽皮的西风"，有时，在一天中最"窒闷的时刻"会吹起"宜人的风"。在这个季节，沐浴成了女人必不可少的活动，而偶然撞见这一幕会令她的爱人陷入愉悦和"三倍的幸福之中"。女子轻解罗裳，"她的衣衫随风飘动"。她"托身于海浪"，但仍不免迟疑，以至于"一阵微风都会令她惊起"。[121] 在那之后，秋天又会带来微风和西风。

在 18 世纪末，詹姆斯·汤姆逊并不是唯一赞美西风的诗人，所罗门·盖斯纳（Salomon Gessner）才是最孜孜不倦的颂扬者；也不能忘记奥西恩对西风的歌颂。下面，让我们从盖斯纳《新田园诗》（*Nouvelles idylles*）中选读几段。[122]

爱德华·约翰·波因特（Sir Edward John Poynter），《林茅斯的西风》，1866

在这首名为《西风》的诗作中，第一缕西风首先邀请他的伙伴
和他一起在水泽仙子身边环绕。但第二缕西风拒绝了，他说，
"我还有一项更动人的任务要去完成；我要将我的翅膀沾满花
间的露水，收集宜人的香氛"；这是为梅林德准备的，一个美
丽的年轻女孩，她很快就会在小路上经过。一句话，这缕西风
坠入了爱河：

> 当我看到她出现的时候，我会飞向她，用我的翅膀在她周
> 围散发出最甜美的香气，抚慰她滚烫的脸颊，亲吻她眼里
> 即将流出的泪珠。[123]

听了这些话，第一缕西风决定仿效他的同伴。当梅林德出现，
"来吧"，他说，"张开我们的翅膀，我还从未抚慰过如此红润
的脸颊，从未见过如此迷人的面庞"。拟人化地陷入热恋的风
和他俩的对话，构成了这首田园诗的核心。

盖斯纳曾经多次描写过爱慕女性的风。在田园诗《阿闵塔斯》
(Amyntas) 中，他写道，在玩耍时，西风试图发现克洛伊刚
刚开始发育的乳房，她"身上轻薄的裙子，勾勒出优雅的腰部
线条和膝盖轮廓，随着空气的节奏在她身后飘动，轻轻地颤
抖着"。同样在这个世纪，在暴风雨的场景中，对海难的描写
并没有让强风吹起女性的衣衫，而是让衣服紧贴在女人的身
体上。

皮埃尔·奥古斯特·库特（Pierre-Auguste Cot），《暴风雨》，1880

19 世纪中期，勒孔特·德·李勒（Leconte de Lisle）的《古诗》（*Poèmes antiques*）标志着著名的田园诗的回归。我们在这里只是简单提及，会在下一章详细地讨论这位诗人。最重要的是其中的一首颂扬微风带来愉悦感受的诗歌《伊奥利亚》（Éolides，风神埃俄罗斯的女儿），它曾启发了塞萨尔·弗兰克（César Franck）：

> 哦，天空飘荡的微风，
> 美丽甜美的春天气息，
> 它的吻反复无常
> ……
> 温柔地吹拂着高山和平原！
> 上升时在空气中播撒的低语
> 满载着香气与和谐……[124]

至于"送来凉爽"的西风，李勒说它们是"大地用来装点自己的永恒的笑声"：

> 哦！你吻过多少
> 手臂，和惹人怜爱的肩膀，
> 在神圣的喷泉旁边，
> 在那郁郁葱葱的山坡上！

这首诗以对古代神话中伊奥利亚的祈祷结束：

伴随着美好光景的微风，请再次来到我们身边……

而最有趣的，无疑是一首诗的手稿：

哦，来自天堂的微风！

对万物都付之一笑！

您那反复无常的吻

为何要夺去玫瑰的香？

……

您是心灵的微风，

幻象，亲吻，呼吸！

而当我们的心灵充盈，

您却不知所终，这甜美而嘲弄的歌声！ [125]

埃德加·皮奇（Edgard Pich）认为，这首诗揭示了李勒对文明的幼年的缅怀，将古代视为幸福的所在。

让柔和的微风、西风，吹起女子的衣袂，展露她的肌肤，让她为他人所欲，也袒露自己的欲望。福楼拜也曾在一个完全不同的语境下使用了这个桥段。正是风的吹拂，使圣安东尼的诱惑者在出现在他眼前的那一刻既充满渴望又分外动人：

风穿过岩石的间隔，雕琢着它们的形状；在它们混杂的声响中，他（安东尼）能分辨出一些声音，好像空气在诉说

爱德华·霍普（Edward Hopper），《晚风》，1921

着什么。语音低沉，如诉如泣，吐气嘶嘶。[126]

作为例外，也作为风的情色力量的延宕，我们来读一篇后人的文章，这是让·季奥诺（Jean Giono）在他的小说《重生》（*Regain*）中的描写，它强有力地描述了风在女性身体上施展的性感力量。场景发生在"高原"上，那里的风非常强劲，不停摇撼着欧石楠树丛。这一次，不是西风，而是一场阵风，带着纯粹的性力量穿透了阿苏勒的身体，她与情人吉底摩斯一起来到这个地方。

一旦起身上路，就无法漠视风的存在。它迎在他们面前，用它温暖的大手捂住嘴巴，好像要阻止他们呼吸。他们已经习惯了；像游泳者一样把脸转向一边喝空气，就这样走了很远。虽然有些辛苦，但他们还能应付。接着，风开始用指甲刮他们的眼睛。然后又试图剥掉他们的衣服；差点把吉底摩斯的夹克扒了下来。阿苏勒拉着家什（磨刀车），不得不努力向前弯着腰。风熟稔自如地钻进她的胸衣，贴着她的双乳之间流动，像一只手一样顺势而下，探向小腹；它在她大腿之间流动；它包裹着整个大腿，给她带来沐浴般的清凉。她的腰和臀都被风吹湿了。她感到它在她身上，清凉，是的，但也很温暖，仿佛被鲜花簇拥，还有些微微发痒，就像有人在用一把干草鞭打她；就像晒干草时人们做的那样，这让女人很恼火，哦！是的，男人们很清楚这一点。突然，她开始想到男人。别忘了，也是这风创造了人类，一直如此[127]。

吉底摩斯跳向阿苏勒。"他似乎很担心。阿苏勒（被风的爱抚和挑逗唤起）转过身，用温柔荡漾的眼神看着他……她的身体被唤醒了，像新酒一样发酵。"到达特立尼达村后，阿苏勒疲惫不堪，"再没有风的爱抚"，只有"一片寂静"。尽管如此，她仍然在想着男人。"似乎风的手指还流连在她身上，那只风的大手赤裸裸地贴在她的肉体上。"

在接下来的两天里，阿苏勒仍然被高原风灌输给她的对男人的欲望所困扰。她因为这"需要"而无法入睡……后来，她没有把自己交给吉底摩斯，而是委身于巨人潘图尔，他能够填满她的空虚。

据我所知，没有其他作品把风与欲望的爆发如此直接地联系在一起；因为它，欲望变得不可抑制，就算沉默也无法掩盖。因此我们有必要引用了这一整页描写，它把阵风（而不是西风）所拥有的微妙和爱抚之力，与女性的疯狂欲望结合在了一起。

约翰·拉法基（John La Farge），《风中的牡丹》，1880

第九章

# 19 世纪的风之谜

19 世纪中期，与风的想象有关的作品多到几乎无穷
无尽。为了继续我们的风之旅，必须在其中加以
选择。我们选取了三位法语作家，他们笔下的
风在我看来是最有力量的：维克多·雨果，
当然，还有勒孔特·德·李勒和埃米勒·维
尔哈伦（Émile Verhaeren）。

众所周知，雨果极度痴迷于风和风暴。在与
此相关的作品中，他融入了大量个人体验和自
由驰骋的想象。从他搬到格恩西岛的那一刻起，
风也以更加强烈的形象出现在他的作品中；直到他
生命的尽头也没有减弱。我们知道，在巴黎短暂停留
之后，就是在这个岛上，他创作了《海上劳工》的主要
部分。1856 年 2 月 14 日夜里，在一场暴风雨中，维克
多·雨果在睡眼惺忪时写道：

雨果

雅克－伦纳德·布朗克尔( Jacques-Léonard Blanquer ),《勒孔特·德·李勒画像》，年代不详

噢，风，你在我们头上吹响你的号角。

风，你铺展开风暴的巨大翅膀

那些透明的深渊不时撕扯着我们。

我们就像你一样，是过客，是流浪者。

像你一样，我们去向黑暗流放我们的地方，

我们也和你一样，无家可归。[128]

如果说维克多·雨果在英吉利海峡的经历令他对风的体验异常丰富，他对风的诠释方式也同样重要，他总是把人与风视为一体。

不过，维克多·雨果心中对风的最佳定义，与夜晚不可分割。在他的作品中，我们不能把两者割裂开，只研究一个而忽视另一个，正如伊冯·勒·斯坎夫所说："令大海和夜晚的分界变得模糊的，正是风的力量，其来源似乎深不可测，并拥有这种混合的力量。"[129] 维克多·雨果写道，事实上，"风是混乱的独裁者"，是混沌对创世的报复。暴风雨中的狂风成功地"令两个海洋叠在一起"；空气的海洋叠加在水的海洋上，形成一种"混乱的交换"，那就是混沌。风证明了"创世中包含了一丝残余的混沌的痛苦"。他身

上体现出了"被忽视者的愤怒""深渊的咆
哮""世界发出的野兽嗥叫""未知之物不可
索解的声音"。飓风，发出"那奇异、冗长、顽
固、持续的喊叫……是一种抱怨，而空间就是哀叹
和自我辩解"。

在《海上劳工》一书中，维克多·雨果对风做出了准确
的描述："风在流动、飞翔、骤然渐弱、结束、重振、
盘旋、尖啸、吼叫、大笑……它们尽情戏耍"，就
像孩子一样。"最可怕的是，他们在玩耍。他
们在享受着由阴影组成的巨大快乐。"然而，
维克多·雨果并没有评判，也没有喝彩，伊
冯·勒·斯坎夫写道："动态的崇高（他把
它与奥西恩主义［喀里多尼亚］那种晦暗的
崇高、和山的雄伟崇高对立起来）正是天才
的创造者。"

"雨果笔下的风的另一面是谜一般的"，弗朗索瓦
兹·舍奈（Françoise Chenet）说。从本质上来说，风
是一种奇异、固执的声音，不断重复而令人生厌，来自
一个"始终不稳定的"未知，让人永远无法参透。它是
"让不可见之物变得触手可及的元素"。但是，"空气
的荒诞一面"，就像所有未知的事物一样，激发了人
们的梦。[130]

约瑟夫·韦尔内（Joseph Vernet），暴风雨，年代不详

约翰·马西·赖特（John Masey Wright），阿列克谢·费奥多罗维奇·奥尔洛夫（Alexey Fyodorovich Orlov），克拉斯诺伊战役中波拿巴的可耻躲避，1813

这就是雨果对风的想象的第二个特征——他强调，风首先是一个谜：它体现了"深渊的喧嚣"。风在说什么？它在跟谁说话？谁在与它对话？它正对着哪只耳朵耳语？[131] 它的神秘本质极大地刺激着维克多·雨果，他为风下了一道命令：

> 为什么这尖啸，总是一成不变？
>
> 为什么这咯吱声，总是一成不变？
>
> 何苦要在乌云中声嘶力竭地叫喊，既然喊的内容总是一成不变？
>
> 换换口号吧。[132]

弗朗索瓦兹·舍奈在她研究的结尾给出了一个令人惊诧的结论：雨果最终把自己也看成了风，让风成为他个人神话的巅峰。驯服风，从而在"高处的海洋"中走得更远，进入空中海洋，是这个时期的飞行员所面临的挑战，也是最大胆的冒险。《苍穹》（*Plein ciel*）是《历代传说》中的一篇，就颂扬了人类的终极壮举，"无限行者"将乘着他"神奇的终极方舟……在空中乘风破浪"。[133]

最后，我们还记得，《静观集》中的最后一首同名诗："一切都在说。"就算在坠落、在黑牢、在铁窗里：

> 灵魂从远处瞥见永恒的光芒；
>
> 在树间她战栗着，没有白天，没有眼睛，

在风中依然能够闻到上天的气息……[134]

我们还没有具体谈及李勒与风的关系，最重要的一点，就是他
在《古诗》中描绘了甜美温柔的微风和西风。不过，这都只是
次要的。李勒关于风最重要的作品都出现在他经常被人遗忘的
著作《悲剧诗歌》（*Poèmes tragiques*）中。他展现了风的力量，
风的暴力，风不懈的愤怒，风的记忆，这部作品展示出的天赋
是其他作品望尘莫及的；而且，他描述的不仅是风暴或飓风。
在这里，可怕的风是大地之风，被复仇和惩罚的强力所驱使，
有时也是恐惧、不公和厄运的传播者。

在这些简短的片段中，诗人描绘了风的力量的每一个不同侧
面。大家都记得波德莱尔的信天翁；然而它没有像李勒这样在
重点描述鸟儿与风的搏斗中展示的暴力，风好像才是这首诗的
主角。

在南半球广袤无垠的海洋上
风在呼号、咆哮、尖叫、怒吼、呜嗷，
纵身越过翻腾着愤怒白沫的
大西洋。他冲过去，擦着
泛白的水面，把它们各个驱散，化为水蒸气；
他吞咬、撕扯、抓破、割裂乌云，
在扯裂的抽搐的伤口中猝然迸发出闪电；
他抓住、裹住，并在空中翻滚

混乱地旋转中只听见刺耳的尖叫和羽毛

被他抖落、裹挟着抛向泛着泡沫的浪尖

并且，敲打着抹香鲸巨大的前额，

把它们可怕的呜咽混入他的长啸。

孑孓一身，那广袤无垠的天空与海洋的王，

迎着狂野的飓风飞行。

……

它（信天翁）劈开轰鸣的飓风，

在恐惧的中心，保持着安静

到来，穿过，然后威风凛凛地消失。

一系列动词详尽展示了"狂野的飓风"的运动、愤怒和残暴，烘托着动物的英雄形象，"孑孓一身，那广袤无垠的天空与海洋的王"以冷静的威严击败了"恐惧"。

接下来，让我们来看看作为惩罚和悔恨的散播者的风。《悲剧诗歌》中篇幅最长、也最宏大的一首诗是《马格努斯的猎狗》（Le lévrier de Magnus）。马格努斯作为骑士参与了"十字军东征"的战斗。他并没有攻击撒拉逊人。但他在圣地犯下了滔天大罪，我们可以从诗句中揣测，他曾以"十字军"的名义施行抢劫。在这首诗里，李勒描述他带着自己的猎犬回到他的城堡，回到童年的家乡。但是风，尽管与他隔着安全的距离，却并没有忘记他所做的一切恶行。他复仇并毁灭了自己。这篇奇幻长诗是这一卷中最长的一篇，很好地呼应了这本诗集的主题。

　　风送来阴森可怖的哀号。
　　从地牢到屋脊，整个城堡都在摇动
　　楼梯被吹得扭曲成螺旋状。

　　沙哑的怒吼和尖锐的嘶嚎混在一起
　　风填满了墙壁上的每一道的裂缝
　　猛烈拍打着每一扇合页松落的门窗。

　　他从柱子上摇落一束束铁丝
　　有时，他还会蜷缩进深深的角落里
　　发出苦涩的笑声，像一个嘲讽的恶魔。

　　马格努斯公爵既听不到尖叫，也听不到在那
　　残垣断壁之间努力冲撞的风。
　　跌跌撞撞落荒而逃的，是圆眼睛的猫头鹰。

显然，从现在起，困扰马格努斯的悔恨永远不会停止，因为引发悔恨的风不间断地在外面呼啸狂奔。[135]

《悲剧诗歌》中还讲述了另一种由风携带的恐怖，它出现在《巴黎的加冕》（Le sacre de Paris）中，这一次，风和阵风同时成为首都所遭遇的不幸和顽强抵抗的象征。在 1870—1871 年巴黎遭遇普鲁士军队围城期间，风持续地咆哮、恐吓和破坏，但这次，它为英雄的巴黎和巴黎人民进行了一次形式上的加冕。黑暗，夜晚，愤怒，风的仇恨猎猎飘扬，它的喘息和咆哮，只会更加突显巴黎在狂风面前的坚不可摧。读者们想必已经猜到了，这首诗写于 1871 年 1 月，当时的巴黎还在抵抗中，

　　那寒风穿过山丘和平原

　　来吧，满载着怨恨，

　　无上的愤怒、报复和仇恨，

　　撞击黑暗堡垒。

　　他挥舞着沉重的大炮，庞大的一队猎犬

　　匍匐潜藏在隐匿处

　　张大的嘴巴不时逸出一丝呼吸

　　伴随着浑浊的喘息声。

　　他在屋顶白雪皑皑的瓦砾上嘶吼，

　　庞大的坟墓紧闭着，

　　但从里面还在传出，无数哀怨的

　　呜咽低语……

　　更远处，巴黎的国歌：

　　噢，坚不可摧的大殿，抵御着海浪与狂风的袭击

　　是谁，在阴霾或晴朗的天空下，

　　快乐地张开得意的风帆，

　　向胜利驶去！ [136]

读了这首诗，人们会想起 1871 年 5 月 "血腥周"（梯也尔反革命军队向巴黎公社发起的屠杀）中风曾经扮演的角色。根据巴黎天文台的档案记录，在那段日子里，巴黎吹起了西风，吹灭了建筑物的大火，也让他们一路撤退到东边。凡尔赛的新闻媒体并没有忘记强调这一天气事件的重要作用，在他们看来，这象征了神的干预。

现在剩下的，就是埃米勒·维尔哈伦在诗中专门围绕着 "风" 展开的想象。这首诗体现了作者血管中流动的象征主义传统。维尔哈伦并无意描绘狂风的怒火，而是将风作为北方黑暗悲伤的风景的象征；他写了一本诗集名为《虚幻的村庄》（*Les Villages illusoires*），表达了大自然的悲伤情绪，也是作者本人的写照。[137]

这组诗讲述了北风终日 "在一个没有什么可看的国家" 吹着，每天掠过 "被虚空诅咒" 的大地，一个 "没有自然参照物" 的空间，一座 "非物质性的无限的监狱"。在维尔纳·兰伯西（Werner Lambersy）看来，这本诗集中的诗歌，尤其是名为《风》（Le vent）的这一首，讲述了 "一个注定要遭受苦难和不幸的世界"。诗人感到自己 "融入了这个神秘的世界"，这让他看到了痛苦的本质，痛苦是 "生命的常规"。[138]

维尔哈伦自己也出现在了《巧合》（Coïncidence）中：

1871 年 3 月的巴黎路障

哦！那些北方的海滩，我还能感觉到那里的西风在我的记忆中掠过，带着那些破败的飓风和乌云。[139]

他把《岩石》（Les rocs）献给布列塔尼"身披潮水、受着风暴鞭笞"的岩石。它们让人"想到献给空间和风的建筑；最后的力量，塔和孤独的空虚"。[140]

在《虚幻的村庄》这本诗集里，多次提到了风。维尔哈伦没有忘记《磨坊》（Le moulin），依然在旋转和死亡：

> 磨坊在夜深人静的时候，缓慢地转动着，
> 在一片悲伤和忧郁的天空之下，
> 它转啊，转啊，它的面纱，灰色，
> 悲伤而脆弱，沉重而无尽的晌劳。[141]

在另一首诗里，"道路的十字路口……在那里，空间的呼喊和迷途的求助重叠在一起，狂风的呼喊和碎片飘荡在广阔森林里"。[142]

当暴风雨来临的时候，"铁铸的大桥也在风中打结"。在《城市》（Les villes）中，维尔哈伦坦白他曾祈求"噢，我的灵魂为风发狂"，尤其是黑色的风。[143]

《风》这首诗完全值得全文引用。不过在这里让我们仅献上其

中两节：

> 在那没有尽头的欧石楠丛中，
> 十一月的风呼啸而来，
> 在欧石楠上，没有尽头，
> 风来了
> 将自己撕扯和裂开
> 带着沉重的喘息，敲打着村镇，
> 风来了，
> 十一月狂野的风
> ……
> 风掠过水面，
> 桦树的枯叶，
> 十一月狂野的风；
> 风撕咬着树枝
> 上的鸟巢；
> 风把铁皮磨成粉末。[144]

在这本诗集中，克里斯蒂安·伯格（Christian Berg）写道，无数诗句都充满力量，尤其是风的力量——它不断撕咬、剖开、撕裂、切断、掏空、磨碎、打磨或钻入。[145] 风作为大自然破坏性力量的代表，通过象征的方式，向诗人揭示了痛苦的本质。

第十章
# 在 20 世纪的风中短暂徜徉

让我们转到下一个世纪，简略地浏览一下 20 世纪的
情况。在这里我们只是勾勒大致轮廓，以免太粗
暴地打断这段风中的旅程，或者说，这些献给
风的变奏曲。在 20 世纪的法国文坛，所有与
风有关的主题中，有两个名字脱颖而出，不
只是因为他们用风作为作品的标题，也因为
风贯穿了他们的全部或大部分作品：这两位
作家，就是圣-琼·佩斯（Saint-John Perse）
和克劳德·西蒙（Claude Simon）。

在佩斯青年时期的作品中[146]，风传达着对岛屿的赞
歌。作者的意图都很清晰。但是，在他后期作品中，在
《风》这个标题背后，又隐藏着什么呢？这一点与我们的
研究显然关系更为密切。1945 年，佩斯在缅因州的一个
小岛上创作了这部作品，但作品并没有立即

佩斯

克劳德·西蒙

出版，而是在 1949 年，在他结束了外交官生涯回归文坛之后才付梓。

针对《风》这部作品，保罗·克劳岱尔（Paul Claudel）的评论是，作品一开头就将风与空间的膨胀联系了起来；佩斯列出了风能够召集的主要力量，并提出了"大迁移风"的概念、"储藏着不可估量能力""发挥着我们世界的呼吸作用"。[147] 更具体地说，在这种空间视角下，这部作品是对西风的召唤——来自美国的风；佩斯说自己"一直在等待着它从西方吹起"[148]。在克劳岱尔看来，他的诗"得到了空间的滋养"，仿佛能够吞噬空间。[149] 不过，他补充说，风只有一个，它来自西方，每次持续时间和强度都不同，这种变化模式遵循着极为简单的基本原则。[150]

在佩斯的作品中，起着同样重要作用的是人、风和时间的关系。对年轻和年老的风的暗示，对时间的可逆性的坚信，以及人希望恢复往昔之风的愿望，都是非常明确的。[151]

在我看来，佩斯的《风》也给人上了重要的
一课：

风很强大！肉体短暂！我的想法，就是活着！在风
中举起火把，火焰在风中飘摇。

如果你们身边有人在活着的时候就丢了脸，我们就应当
在风中帮他紧紧抓住他的脸。[152]

让我们再强调一下，这首诗赞美了风所携带
的"陌生的力量"：它让人免于被"此刻的
沙漠吞没"[153]；以及作者聆听风的教导时
的兴奋，并遗憾着为什么没有一本仔细记
录风的伟大思想的书；最后，让我们听听
佩斯对我们说的话，"打开你们的大门，迎
接新的一年……一个新的世界正在你脚下诞
生！……快点！快点！来迎接最伟大的风的消
息"，欢迎风来到我们中间，这位歌唱大师向我们
保证："我会让你的行动更具活力，我会让你的作品更
加成熟。"[154]

在有关风的想象的各章最后，以克劳德·西蒙的同名
作品来画下句点，严格来说是不太恰当的，因为这
部小说里明显透露出，作者讲述的是自己对风的亲

身经历，而不是想象。但是，在我看来，他在一篇虚构作品中很好地挖掘了"风"这个对象的深度就以克劳德·西蒙的小说《风：修复一幅巴洛克祭坛画的尝试》，作为本章的结语吧。[155]

在这部小说中，风是情节的对位主题，或者也可以说，是一直"为戏剧伴奏的低音"。这部分的主角是特拉蒙坦风，从西北方吹向朗格多克和鲁西永。和加斯东·巴什拉（Gaston Bachelard）笔下的风一样，在这片土地上，它推动着一种无用的力量，一种没有意义、没有目的、没有借口的愤怒。

另一方面，风在这里展示出了自然粗暴的力量，特别是对试图抵抗它的植物。它攻击世界的物质，无论是灰尘还是沙子。它无处不在；城市，罗马剧场，无处不在，无孔不入；在风的鼓动下，物体飞了起来。风不仅是无所不在的噪声，它也是可触的。它阻止人们点燃香烟。

当风停止，有时会消停很长一段时间，当风停止呻吟、停止愤怒，它还残留在记忆中，成为模糊的回忆。由于这个原因，它的特征就是超越了时间的限制。在让-伊夫·娄利沙斯（Jean-Yves Laurichesse）看来，克劳德·西蒙小说里的风象征了时间这一伟大形象。[156]它是受苦的灵魂，"注定永远疲惫不堪"，也看不到任何尽头。在这一点上，克劳德·西蒙的作品中黑色的风代表了永恒的深渊。在极地风暴中，欧仁·苏（Eugène Sue）笔下注定要不断迎风行走的流浪的犹太人，出现在地球

温斯洛 · 霍默,《东北》, 1901

约瑟夫·韦尔内（Joseph Vernet），《风暴》，年代不详

的边缘。[157]是风鼓起了幽灵船上的帆，陪伴着那些同样被社会排斥的人。

但还不止于此，在凡的攻击、愤怒、吵嚷，尤其是哀怨中，我们能够读懂，风作为永恒诅咒的受害者、被判处不死，对人类发出的谴责。

第十一章

# 风、戏剧和电影

在菲利普·雅克·德·卢戴尔伯格（Philippe Jacques de Loutherbourg）的《活动图像》（*Eidophusikon*）和透景画\*取得巨大成功后，各剧院经理不得不满足公众对声音景观越来越高的要求，尤其是对风效的模拟。在许多戏剧作品中，观众都需要听到甚至感觉到风。如果《麦克白》的场景里没有了风，女巫出现的旷野，国王被谋杀的场景里，又都会变成什么样子呢？19 世纪的一些剧作家非常重视甚至苛求，所有戏剧场景中对风的再现；亨利克·易卜生就是这样；这很好理解：例如他的作品《当我们复醒时》（*Quand nous nous réveillions d'entre les morts*）的最后一幕，就是以风的声音开场，随后，演员大声问："你们

---

\* 译者注：透景画，是将缩小的或真人大小的场景布置如人物、野生动物或其他物体的形象放在带有绘画背景的模拟自然环境里面。

亨利克·奥尔里克（Henrik Olrik），《易卜生画像》，1879

听见狂风了吗？"[158] 在这部戏里，有好几个
人物在剧中提到天气，不论是暴风雨、尖啸
的狂风还是愈演愈烈的风暴。

因此，在 19 世纪，所有的剧院都必须能够让人们
听到、感受到风的气息。为此，每家剧院都有一台专
门制造风效的机器，尽管精密程度不一。在伦敦的剧
院，尤其是特鲁里街剧院，导演们就特别讲究声音景
观的效果。

即使是最小的剧院也有一台造风机，它是
"一个固定在框架上的圆筒，上面覆着一层
布"。"旋转圆筒时，木条与布摩擦产生了风
的声音。通过改变圆筒的转速和布的紧绷程
度，专业机械师可以模仿不同音量、音质的
风声。"[159] 在 20 世纪末，人们用丝绸代替帆
布，就能够"几乎可以乱真地模仿风穿过烟囱
或走廊时发出的嘶嘶声"。[160]

这些机器一般体积不大，几乎都是便携式的。它们由熟
练的机械师操作，机械师根据正在发生的场景改变滚
筒旋转的速度和节奏，并改变弦和织物的松紧。

这也就是说，风在 19 世纪的戏剧舞台上起到的作

用，与即将到来的电影比起来还是十分有限的。电影能够以自己的力量拥抱风和它的运动，让观众体验到风的神奇。正如本杰明·托马斯（Benjamin Thomas）写道，"风，从它进入电影画面的那个瞬间，似乎就传达了电影的实质，人们甚至会想说，电影就是风；两者的共同点，就是它们都是绝对运动，它们推动自己周围的物体，触摸、并穿过它"。

还是本杰明·托马斯的话：电影的目标是"展现元素自由变化的迷人之美"。这就是为什么说电影具有风媒特征是不无道理的。[161]

从电影诞生的那一刻起，在 1895 年卢米埃尔兄弟拍摄的《婴儿餐》背景中出现了树叶的运动——风就此为我们呈现了"世界在图像中的第一次呼吸"。[162] 风在电影中的出现，引入了一个真实的时刻，它代表现实的元素，与电影呈现的虚构形成对比。它在电影中建立了一种非人力所为的、神秘的真实，矛盾的是，这同时也展示出对人类悲欢离合的漠不关心。伊丽莎白·卡顿 – 阿利克（Élisabeth Cardonne-Arlyck）认为，风是运动的主要驱动力，

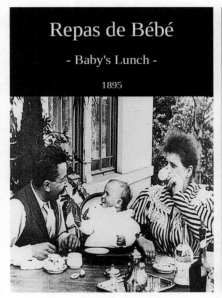

《婴儿的午餐》

《细细的红线》

而运动是真实的表现。在本杰明·托马斯看来，"风体现了电影独立创造世界的力量"，它在情节开始前就已经发生了。[163]

当然了，风的形式和功能因电影而异。有时它化身气象灾害中的恶魔，如阵风展示了风的极端力量，带来死亡和疯狂，是对文学作品中"邪恶的风"的转化，维克多·雨果在《加斯蒂贝尔扎》（Gastibelza）这首诗里就描述了人们是怎样被掠过山峰的风吹得发狂的。

有时候，电影中的风是寓言式的[164]，它象征着一种来自画外的力量：可以是北方，彼岸……，一场革命在后一种情况下，它代表了新时代的到来。同样地，风也可以被视为掌管当地的神；特伦斯·马利克的作品《细细的红线》中的瓜达尔卡纳尔岛就属于这种情况。[165]风在电影中的另一个作用，不是对事件的象征，而是推动影片的高潮，披着"世界末日的光环"，从阵风变成怪物。

还剩下一个非常重要的问题：如何拍摄风？这就是1988年尤里斯·伊文思（Joris Ivens）在他导演的作品《风的故事》（Une histoire de vent）里提出的问题。电影的音轨强化了风的画面，不管是一阵清风还是裹挟着物体浩荡而过的飓风；导演可以把镜头重点放在人们对风的冲击的反应上，例如让·爱泼斯坦（Jean Epstein）的《暴风雨》；或者专注于各种形式的纯粹运动，例如本杰明·托马斯提到的：一阵狂风"掠过地面扬尘飞

《风的故事》　　　　　　　　　《蚀》

沙""马鬃在风中猎猎飘扬",眼睛迎风眯起,当然还有对弯倒的树木或泛起波纹的水面的特写。

在爱泼斯坦《暴风雨》中,用连续的镜头展示了"一个人用单手压住帽子迎风前进,两个警察被密斯特拉风吹得狼狈不堪;一个新娘长长的婚纱在狂风之下顽皮飞舞;一个年轻姑娘不得不紧紧按住裙子,而风还在不停把它掀起来"。[166] 每个人的记忆中应该都保存了玛丽莲·梦露的裙子被风吹起的画面,虽然那是一股人造风而并非西风所为。

还有一种更为微妙的画面:在镜头的注视下,风的爱抚会令美的事物绽放分外的光彩,在米开朗琪罗·安东尼奥尼的电影《蚀》中,莫妮卡·维蒂美丽的面容就在风持续不断的吹动下显得光彩照人。[167]

梳理电影中风的历史,有一个场景似乎变得多余了:那就是在晾衣服的时候,风真的"穿上"了衣服。这个场景的存在,会引起观众一系列的感受,回忆会把风和衣服、清洁、家务、性联系在一起,包括风的形态的变化,从西风到阵风,象征着成功或失败。

最后,让我们再次指出电影为那些对风的历史感兴趣的人带来的最好的礼物:与文学、音乐或造型艺术相比,电影这种媒介,从很多方面来看,都更适于揭示"风的神秘来去"的体验。[168]

路易斯·菲利伯特·德布古（Louis Philibert Debucourt），《大风》，1775—1832

# 尾声

在今天，是否又有更新的对风的体验，可以丰富我们前面讲述的一切？无数孤独的探险家以徒步旅行的方式，在地球上各个角落寻找不同的感觉和情感。同样，这个问题的答案也只能是肯定的；至少我们的感受方式已不再相同。

这就勾勒出了另一本书的轮廓，一本探讨当代人与风的关系的书。我们可以用让－保罗·考夫曼（Jean-Paul Kauffmann）的精彩作品《凯尔盖朗的方舟：荒岛之旅》（*L'Arche des Kerguelen. Voyage aux îles de la Désolation*）来开启这段旅程。《凯尔盖朗的方舟》出版于 1993 年[169]，可以说是约翰·缪尔的经历在一个世纪后在一个完全不同的地方的延续；除此之外，在每一页里，这本书都在不断地强调，在这个南半球的小岛上，风才是最重要的角色。让我们来听听考夫曼的讲述："在凯尔盖朗群岛，吹着一股无名之风，在曾经有风

让－保罗·考夫曼

吹过的所有其他地方，人们都不知道它的存
在。在这个（我原本以为的）死亡山谷里，
我终于明白了为什么人们说风才是世界的创
造者。"

作者说他终于发现了为什么凯尔盖朗风如此独特：它从
来都不会发出尖啸。"它所过之处没有任何阻碍：没
有树、没有房屋、没有电线、没有围栏。它发出隆
隆声，而不是我们在文明地带习惯的尖啸。它的
声音具有东正教礼拜仪式般的力量。"除此之
外，还有一种从高处坠落的雪崩的感觉。考
夫曼写道，"我感到一股阵风正从我们的背
后猛冲过来。大地在振动，我很害怕"。

作者还勾勒出风和政治权力之间出人意料的
联系："风统治着群岛，尽管名义上是法国当
局控制着这个地区。在风面前，人们什么都控
制不了。我们可以征服灼热的沙漠、广阔的冰原或
潮湿的气候。唯独对风束手无策。"仿佛是对《传道书》
的回应："没有人有能力去控制风、囚禁风。""在凯尔
盖朗，风宣告着事物的绝对流动性。有的只是没有厚度
的瞬间，看不见将来的未来。"统治这里的，是一种
"没有黏性的时间"。

奥古斯特·雷诺阿（Auguste Renoir），《诺曼底附近的海岸》，1880

约翰·迪尔温·李维林 (John Dillwyn Llewelyn)，《风与浪》，1853—1856

这部作品整本书都是对风的残酷性的描述。至于水，"被狂风击碎之后，（它）会分散成微粒，像成千上万萤火虫一样漂浮在空中"。风的主权因此改变了形式，向上发展："在寂静的高空，风吹出了一种憋闷而痛苦的音调。它呼吸急促。仿佛因不断抽搐而窒息。"在山上，"风像一位管风琴乐手，它的身体被加强，在玄武岩构成的管道中流畅自如地演奏出不同音阶"。在这里，世间万物有规律地发出音响。在凯尔盖朗建立捕鲸站的计划失败了："风之火焰的干燥力量"令一切都干涸了；只剩下废墟。

一页又一页，考夫曼不厌其烦地列出了所有风的形式，这是我在任何一本描绘异域的书中都没有见过的。在凯尔盖朗，"风……呼喊着来自另一个世界的声音"。[170]

我们的风中漫步就这样到达了终点，作为一种原始力量，风一直处于人类经验的核心，在几千年里，风一直都是神秘而不可解释的，它也许会被人类驯服，却也始终保持着梦幻般的力量、让人感到它与世界的起源、与创世的灵感之间的直接联系，它以自己的方式成为被遗忘者的信使，并以其深不可测的特征，成为死亡的预兆。

霍姆·道奇·马丁（Homer Dodge Martin），《塞纳河上的景色：风似竖琴》，1893—1895

# 注释

第一章

1　Horace Bénédict de Saussure, *Voyages dans les Alpes*, Genève, Georg, 2002, p. 237-238.

2　本书作者曾在此前出版的另一本书中更详细地介绍了这一需求和政策，见 *Le Miasme et la jonquille. L'odorat et l'imaginaire social*, Paris, Aubier, 1982。

3　Alexandre de Humboldt, *Cosmos. Essai d'une description physique du monde*, Utz, coll. « La science des autres », 2000, p. 299, 326.

4　有关所有这些进展，参见 Fabien Locher, *Le Savant et la tempête. Étudier l'atmosphère et prévoir le temps au XIXe siècle*, Rennes, Presses universitaires de Rennes, coll. « Carnot », 2008, *passim* 以及 Numa Broc, *Une histoire de la géographie physique en France (XIX$^e$- XX$^e$ siècles). Les hommes, les oeuvres, les idées*, Perpignan, Presses universitaires de Perpignan, « Collection Études », 2010, t.I, p. 187-202。

5　有关利昂·布劳特和他的作品，参见 Fabien Locher, *Le Savant et la tempête...*, *op. cit.*, p. 154-159。

6 弗朗西斯·蒲福（Francis Beaufort）曾经在 1806 年 1 月 13 日提交了一份风力逐级评定标准，供战舰航行参考。1838 年，海军司令部要求皇家海军强制使用该标准。

7 Jean-François Minster, *La Machine océan*, Paris, Flammarion, coll. « Nouvelle bibliothèque scientifique », 1997, p. 48.

### 第二章

8 Jean-Pierre Destand, « Éole (s) en Languedoc: une ethnologie sensible », *Ethnologie française*, no 39/4, 2009, p. 598-608.

9 Martine Tabeaud, Constance Bourboire, Nicolas Schoenenwald, «Par mots et par vent», dans Alain Corbin (dir.), *La Pluie, le soleil et le vent. Une histoire de la sensibilité au temps qu'il fait*, Paris, Aubier, « Collection historique », 2013, p.69-88.

10 Patrick Boman, *Dictionnaire de la pluie*, Paris, Seuil, 2007, p. 361, « Vents de pluie ».

11 Alphonse Daudet, *Lettres de mon moulin*, Paris, Le Livre de poche classique, Librairie générale française, 1994, p. 30-31, 221-222.

### 第三章

12 Anouchka Vasak, «Héloïse et Werther, *Sturm und Drang* : comment la tempête, en entrant dans nos cœurs, nous a donné le monde», *Ethnologie française*, n° 39/4, 2009, p. 677-685.

13 Pauline Nadrigny, «L'écho des bois: une création originale de la Nature», Jean Mottet (dir.), *La Forêt sonore. De l'esthétique à l'écologie*, Seyssel, Champvallon, 2017, p. 60. 有关柯勒律治的内容，参

见 «La harpe éolienne», *La Ballade du vieux marin et autres poèmes*, Paris, Gallimard, 2007, p. 114-119。

14 Maine de Biran, *Journal*, éd. par Henri Gouhier, Neuchâtel, La Baconnière, coll. «Être et Pensée» 1957, t. III, p. 33.

15 Henry David Thoreau, *Journal (1837—1861)*, Paris, Denoël, coll. « Denoël & d'ailleurs », 2001, p. 67, 77, 114.

16 Eugène Delacroix, *Journal, 1822-1863*, Paris, Plon, « Les Mémorables », 1980, p.751。

17 Madame de Sévigné, *Correspondance*, 转引自 Marine Ricord, « "Parler de la pluie et du beau temps" dans la Correspondance de Mme de Sévigné», dans Karin Becker (dir.), *La Pluie et le beau temps dans la littérature française. Discours scientifiques et transformations littéraires, du Moyen Âge à l'époque moderne*, Paris, Éditions Hermann, coll. «Météos», 1, 2012, p. 174, 175, 179。

18 有关这一问题，参见 Anouchka Vasak, «Naissance du sujet moderne dans les intempéries. Météorologie, science de l' homme et littérature au crepuscule des Lumières», Karin Becker (dir.), *La Pluie et le beau temps dans la littérature française…*, *op. cit.*, p. 237-255。

19 Ibid., p. 251.

20 Alain Corbin, *Le Territoire du vide. L'Occident et le désir de rivage*, Paris, Aubier, 1988, p. 41.

21 Ibid., p. 85-86.

22 Anthony Reilhan, *Short History of Brighton Stone on its Air and on Analysis of its Waters, et The Torrington Diaries…*, Eyre and Spottiswoode, 1934.

23   Bernardin de Saint-Pierre, *Études de la Nature*, Saint-Étienne, Publications de l'Université de Saint-Étienne, 2007, p. 465, 470-471.

24   François René de Chateaubriand, *Mémoires d'outre-tombe*, t. I, livres I - XII, Paris, Garnier, 1989, p. 75, 131, 137, 145, 146, 147.

25   François René de Chateaubriand, *Atala, René, Le Dernier des Abencérage*, Paris, Gallimard, 1971, *René*, p. 151, 158, 159, 177.

26   Alain Corbin, « Les émotions individuelles et le temps qu'il fait », dans Alain Corbin, Jean-Jacques Courtine, Georges Vigarello (dir.), *Histoire des émotions*, Paris, Seuil, 2017, p. 43-57, p. 49.

27   Maine de Biran, *Journal, op. cit.*, p. 48, 49, 52, 83, 85, 86.

28   Claude Reichler, « Météores et perception de soi : un paradigme de la variation liée, Karin Becker (dir.), *La Pluie et le beau temps dans la littérature française...*, *op. cit.*, p. 213-236.

29   Maurice de Guérin, *Œuvres complètes,* Marie-Catherine Huet-Brichard (dir.), Paris, Classiques Garnier, coll. « Bibliothèque du XIXᵉ siècle », 17, 2012 : *Lettre à Raymond de Rivières*, p. 620.

30   Ibid., *Le Cahier vert*, p. 85-86.

31   Ibid., p. 79-80.

32   Ibid., p. 63-64.

第四章

33   关于上文所述，见 Anouchka Vasak, *Météorologies. Discours sur le ciel et le climat, des Lumières au romantisme*, Paris, Honoré Champion, coll. « Les dix huitièmes siècles », 2007, chap. i, « L'orage du 13 juillet 1788 »,

p. 37 sq, Vasak 对这次事故的知识背景做了准确描述，引文来自 p. 78, 85。

34  Ibid., p. 87.

35  Ibid., p. 95.

36  Louis Antoine de Bougainville, *Voyage autour du monde*, Paris, La Découverte, 2006, p. 79, 80, 113, 114.

37  Anouchka Vasak, « Joies du plein air », 见 Guilhem Farrugia, Michel Delon(dir.), *Le Bonheur au XVIII<sup>e</sup> siècle*, Rennes, Presses universitaires de Rennes, coll. « La Licorne », 2015, p. 193, « Transports aériens, ballons et hommes volants »；有关飞艇造架术的发展脉络，见 Marie Thébaud-Sorger, *L'Aérostation au temps des Lumières*, Rennes, Presses universitaires de Rennes, coll. «Histoire», 2009, p. 247-253; « Au Coeur des éléments », 和 « Sentir et mesurer »。同一作者的文章 « La conquête de l'air, les dimensions d'une découverte », *Dix-huitième siècle*, n° 31, 1999, p. 159-177。

38  Raphaël Troubac, « Le théâtre que des hommes voyaient pour la première fois. Les impressions physiques et morales des premiers hommes à avoir atteint de hautes altitudes en ballon (1783-1850) », 由 Alain Corbin 指导的巴黎万神殿 - 索邦大学硕士毕业论文，1999 年。这份毕业论文探讨的主题与本书研究极为接近。

39  Ibid., p. 8 sq.

40  Ibid., p. 35-36, 有关印象和感觉问题的论述，本书主要参考了 这篇硕士论文。

41  有关此问题，参见 Fabien Locher, *Le Savant et la tempête…*, *op. cit.*, « Au cœur de l'atmosphère. Les voyages aériens de Camille Flammarion », p. 169 sq。

42 此处引文及下面引文出自 Guy de Maupassant, *En l'air et autres chroniques d'altitude*, Paris, Les Éditions du Sonneur, 2019, préface de Sylvain Tesson, p. 37, 41, 42, 45, 49。

43 James Thomson, « L'été», 出自 *Saisons*, Lille, 1853, p. 107。

44 René Caillié, *Voyage à Tombouctou*, Paris, La Découverte poche, coll. «Littérature et voyages», 1996, t. II, p. 279-280.

45 Guy Barthélemy, *Fromentin et l'écriture du désert*, Paris, L'Harmattan, coll. «Critiques litt.raires», 1997, p. 27.

46 转引自 Guy Barthélemy，同上。

47 Gustave Flaubert, *Voyage en Égypte*, Paris, Grasset, 1991, Pierre-Marc de Biasi 对本书的介绍，对福楼拜的引用出自该书第 407，408，409 页。

48 Jules Verne, *Cinq semaines en ballon*, Paris, Maxi-livres, 2005, p. 232-233.

49 Henry David Thoreau, *Cap Cod*, Paris, Imprimerie nationale, 2000, p. 229-230.

50 Barbara Maria Stafford, *Voyage into Substance. Art, Science, Nature and the Illustrated Travel Account, 1760-1840*, Cambridge (Mass.) -Londres, MIT Press, 1984.

51 John Muir, *Célébrations de la nature*, Paris, José Corti, coll. « Domaine romantique», 2011, p. 202.

52 Ibid., p. 263.

53 Ibid., p. 93.

54 Ibid., p. 193.

55  Ibid.

56  Ibid., p. 195.

57  Ibid., p. 197.

58  Ibid., p. 198.

59  Ibid.

60  Ibid., p. 201-202.

61  Ibid., p. 201.

62  Ibid.


第五章

63  与中文读者熟悉的《圣经》行文稍有不同，本章所有引文均
出自法文版《耶路撒冷圣经》，由《耶路撒冷圣经》及考古学院主
持翻译，于 1948 年到 1955 年以单行本发行，1956 年出版第一版
完整本（译者注）。本章所有引文均出自同一本法文版《耶路撒冷
圣经》，因此对引文只标注页码。该版本由耶路撒冷圣经考古学院
主持翻译，*la Bible de Jérusalem,* Paris, Éditions du Cerf, 2001。

64  Ibid., p. 38.

65  Ibid., p. 624.

66  Ibid., p. 1035.

67  Ibid., p. 1079, 1084, 1122, 1153, 1180, 1215, 1228.

68  Ibid., p. 1303.

69  Ibid., p. 1344, 1347, 1358, 1432.

70  Ibid., p. 1605, 1624.

71  Ibid., p. 1693.

72  Ibid., p. 1753.

73  Ibid., p. 1829.

74  Ibid., p. 1920.

75  Ibid., p. 1948.

76  Ibid., p. 1995, 2008-2009.

77  Ibid., p. 2056, 2077.

78  Ibid., p. 2196.

79  Ibid., p. 2270.

80  Ibid., p. 2505.


第六章

81  Homère, *Odyssée*, trad. de Victor Bérard, Paris, Classique du Livre de poche-Librairie générale française, 1996, chant X, p. 255.

82  Ibid., p. 256.

83  Ibid., p. 187.

84  Ibid., p. 159.

85  Violaine Giacomotto-Charra, « Le magazine des vents: les enjeux de l'exposé météorologique dans La Sepmaine de Du Bartas », dans Karin Becker (dir.), *La Pluie et le beau temps dans la littérature française*,

Paris, Herman, 2012, p. 147, 149 sq.

86   Ibid., p. 158.

87   John Milton, *Le Paradis perdu*, Paris, Gallimard, 1995, p. 146.

88   Ibid., p. 151, 163.

89   Ibid., p. 285.

90   Ibid.

91   Friedrich Gottlieb Klopstock, *La Messiade ou Le Messie*, Paris, Hachette livre-BnF, 1849.

92   Ibid., t. I, p. 72.

93   Jean-Baptiste Cousin de Grainville, *Le Dernier Homme*, Paris, Payot, 2010. Jules Michelet 作序, 1811 年由 Charles Nodier 整理出版。

94   Ibid., p. 91.

95   Le Tasse, *La Jérusalem délivrée, Gerusalemme liberata*, Paris, Classique Garnier, 1990, p. 991.

96   Ibid., p. 979, 991, 745, 811.

97   Ibid., p. 811.

98   Ronsard, *La Franciade*, dans *Œuvres complètes*, Paris, Gallimard, «Bibliothèque de la Pléiade », t. I, 1993, p. 1047, 1049-1050.

99   Luis de Camóes, *Les Lusiades ou les Portugais,* Paris, BnF. trad. J.B.J. Milli., Paris, Firmin Didot, 1825, t. I, p. 36, 43, 54, 354, 367 ; t. II, p. 199, t. I, p. 293-294.

第七章

100　Yvon Le Scanff, *Le Paysage romantique et l'expérience du sublime*, Seyssel, Champ Vallon, 2007.

101　Ibid., p. 38.

102　François René de Chateaubriand, *Génie du christianisme*, Paris, Gallimard, coll. « Biblioth.que de la Pléiade », 1978, p. 886.

103　Yvon Le Scanff, *Le Paysage romantique*···, *op. cit.*, p. 27, 31, 38.

104　Ibid., p. 43.

105　Ossian/Macpherson, *Fragments de poésie ancienne*, Édition préparée par François Heurtematte, Paris, José Corti, « Collection romantique », no 23, 1990. Fragment III, traduction attribuée à Diderot, p. 85, 87.

106　Ibid., Fragment VIII, traduction de Suard, p. 113, 115.

107　Fragment X, traduction de Suard, p. 125, 127, 129.

108　Fragment XII, « Ryno et Alpin », traduction de Turgot, p. 139.

109　Fragment XIII, traduction de F. Heurtematte, p. 143, 147.

110　James Thomson, *Les Saisons*, Lille, L. Danel, 1850, trad. Paul Moulas.

111　Ibid., p. 208.

112　Ibid., p. 211.

113　Ibid., p. 233, 241.

114　Ibid., p. 248.

115   Ibid., p. 249.

116   Ibid., p. 250.

第八章

117   Véronique Adam, « Écho aux quatre vents – la poétique de l' air dans la poésie baroque (1580-1640)», dans Michel Viegnes (dir.), *Imaginaires du vent*, Paris, Imago, 2003, p. 203-215.

118   Ibid., p. 204.

119   Régine Detambel, Petit éloge de la peau, Paris, Gallimard, coll. « Folio », 2007, p. 121, 125, 128.

120   James Thomson, *Les Saisons, op. cit.*, p. 26, 29, 36, 165.

121   Ibid., p. 72, 67, 120, 121.

122   Salomon Gessner, *Nouvelles idylles*, Zurich, 1773, Paris, Hachette-BnF.

123   Ibid., p. 81, 82, 92.

124   Leconte de Lisle, *Poèmes antiques*, Paris, Gallimard, poésie « Les Éolides », 1994, p. 252, 253, 254.

125   Ibid., p. 373.

126   Gustave Flaubert, *La Tentation de saint Antoine*, Paris, Gallimard, coll. « Folio classique », 1983, Édition Claudine Gothot-Mersch, p. 63.

127   Jean Giono, Regain, Paris, Librairie générale française, coll. « Folio », 1995, p. 47, 48, 49, 58.

第九章

128　Joël Laiter, Victor Hugo, *L'Exil. L'archipel de la Manche*, Paris, Hazan, 2001, p. 116.

129　Yvon Le Scanff, *Le Paysage romantique…, op. cit.* p. 88-89, 文中引用了维克多·雨果《笑面人》《海上劳工》并作评论。

130　Françoise Chenet, « Hugo ou l'art de déconcerter les anémomètres », dans Michel Viegnes (dir.), *Imaginaires du vent, op. cit.,* p. 297-309, 重点 p. 298。

131　Ibid., « La mer et le vent », p. 304.

132　Ibid., p. 305.

133　Ibid., p. 307.

134　Victor Hugo, *Les Contemplations*, Paris, LGF, coll. « Folio », 2002.

135　Leconte de Lisle, *Poèmes tragiques*, Paris, Lemerre, 1866, p. 74-75, 117, 118, 125.

136　Ibid.

137　Émile Verhaeren, *Les Villages illusoires*, communauté française de Belgique, 2016.

138　Ibid., Werner Lambersy 序言, p. 5。

139　Ibid., p. 103.

140　Ibid., p. 120.

141　Ibid., p. 23.

142　Ibid., « Heures mornes », p. 45.

143　Ibid., p. 51, 59.

144　Ibid., p. 164-166.

145　Ibid., Christian Berg 后序, p. 215。

### 第十章

146　Saint-John Perse, *Œuvres complètes*, Paris, Gallimard, coll. « Bibliothèque de la Pléiade », 1982, « Vents », p. 179-251. Paul Claudel 所做评注 (1949), p. 1121-1130。

147　Ibid., p. 1130.

148　Ibid., p. 196.

149　Ibid., p. 1122.

150　Ibid., p. 122.

151　Ibid., p. 213.

152　Ibid., p. 227, 转引自 Geneviève Dubosclard, «Intempéries, intempérance : Saint-John Perse et les catastrophes pures du beau temps», dans Karine Beker, *op. cit.*, p. 341。

153　Ibid., p. 233.

154　Ibid., p. 247 et 248.

155　Claude Simon, *Le Vent, tentative de restitution d'un retable baroque*, Paris, Éditions de Minuit, 1957/2013.

156　Jean-Yves Laurichesse, « Le vent noir de Claude Simon », dans Michel Viegnes (dir.), *Imaginaires du vent, op. cit.*, p. 113-125.

157　见 *Juif errant d'Eugène Sue*(Paris, Robert Laffont, 1983, p. 16) 一书序言中对 "愤怒的飓风" 和 "北方风暴" 的描写。

## 第十一章

158　Robert Dean, « Ibsen, le designer sonore du théâtre au XIX$^c$ siècle », 收入 Jean-Marc Larrue et Marie-Madeleine Mervant-Roux (dir.), *Le Son du théâtre*, Paris, CNRS Éditions, 2016, p. 165-180。

159　Ibid., p.167.

160　Jules Moynet, *L'Envers du théâtre. Machines et décorations*, Paris, Hachette, 1875, p. 169.

161　Benjamin Thomas, *L'Attrait du vent*, Yellow Now, 2016, p. 13, 14, 18.

162　Élisabeth Cardonne-Arlyck, « Passages du vent au cinéma », 收入 Michel Viegnes (dir.), I*maginaires du vent, op. cit.,* p. 126。

163　Benjamin Thomas, *L'Attrait du vent, op. cit.,* p. 49.

164　Élisabeth Cardonne-Arlyck, « Passages du vent au cinéma », article cité, p. 129, 134.

165　Ibid.

166　Benjamin Thomas, *L'Attrait du vent, op. cit.,* p. 74-75, 34.

167　Ibid., p.56-69.

168　Élisabeth Cardonne-Arlyck, « Passages du vent au cinéma », article cité, p.136.

## 尾声

169  Jean-Paul Kauffmann, *L'Arche des Kerguelen. Voyage aux îles de la Désolation*, Paris, Flammarion, 1993, p. 75, 76, 90-91, 115, 118, 137-138.

170  Ibid., p.169.

著作权合同登记号 图字：01-2021-4092

**图书在版编目（CIP）数据**

风的历史 /（法）阿兰·科班著；曲晓蕊译 . —北京：北京大学出版社，2022.6

ISBN 978-7-301-33034-0

Ⅰ.①风… Ⅱ.①阿…②曲… Ⅲ.①风 - 普及读物 Ⅳ.① P425-49

中国版本图书馆 CIP 数据核字（2022）第 081040 号

LA RAFALE ET LE ZÉPHYR
By Alain Corbin
© Librairie Arthème Fayard, 2021
CURRENT TRANSLATION RIGHTS ARRANGED THROUGH DIVAS INTERNATIONAL, PARIS
巴黎迪法国际版权代理

| | |
|---|---|
| 书　　　名 | 风的历史<br>FENG DE LISHI |
| 著作责任者 | 〔法〕阿兰·科班（Alain Corbin）著　曲晓蕊 译 |
| 责任编辑 | 闵艳芸　赵　聪 |
| 标准书号 | ISBN 978-7-301-33034-0 |
| 出版发行 | 北京大学出版社 |
| 地　　　址 | 北京市海淀区成府路 205 号　100871 |
| 网　　　址 | http://www.pup.cn　　新浪微博：@ 北京大学出版社 |
| 电子信箱 | zhaocong@pup.cn |
| 电　　　话 | 邮购部 010-62752015　发行部 010-62750672<br>编辑部 010-62753154 |
| 印 刷 者 | 北京九天鸿程印刷有限责任公司 |
| 经 销 者 | 新华书店 |
| | 880 毫米 ×1230 毫米　16 开　16 印张　170 千字 |
| | 2022 年 6 月第 1 版　2022 年 6 月第 1 次印刷 |
| 定　　　价 | 79.00 元 |